# 工业聚乙烯导论

## ——性能，催化剂，工艺

〔美〕 丹尼斯·B. 马尔帕斯 著
Dennis B. Malpass

李化毅 袁炜 等译
胡友良 焦洪桥 审

Introduction to
Industrial
Polyethylene

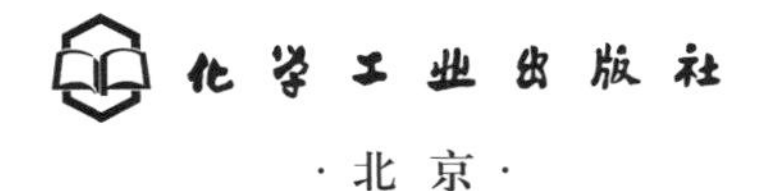


·北京·

## 内容简介

本书以通俗易懂的语言回答了聚乙烯是什么，聚乙烯有哪些类型，有哪些催化剂用于生产聚乙烯，使用哪些工艺生产聚乙烯，以及聚乙烯的性能、市场和对环境影响的评估等问题。全书共 8 章，包括乙烯聚合物简介、乙烯自由基聚合、各种催化剂及催化体系、工业聚乙烯工艺及聚乙烯产业下游，使用国内外通用术语详细介绍了乙烯聚合物和共聚物的基础知识，可满足各类读者的不同需求。无论做科学研究的科研人员，或企业革新工艺的工程师，还是高等院校正在学习或即将从事相关工作的学生们，都能从中受益。

**图书在版编目（CIP）数据**

工业聚乙烯导论 / （美）丹尼斯 · B. 马尔帕斯（Dennis B. Malpass）著；李化毅等译. —北京：化学工业出版社，2022.7

书名原文：Introduction to Industrial Polyethylene

ISBN 978-7-122-41159-4

Ⅰ. ①工… Ⅱ. ①丹… ②李… Ⅲ. ①聚乙烯－化学工业 Ⅳ. ①TQ325.1

中国版本图书馆 CIP 数据核字（2022）第 057467 号

责任编辑：王　婧　杨　菁
责任校对：刘曦阳
装帧设计：李子姮

出版发行：化学工业出版社
（北京市东城区青年湖南街13号　邮政编码100011）
印　　装：北京新华印刷有限公司
710mm × 1000mm　1/16　印张6¼　字数110千字
2024年10月北京第1版第1次印刷

购书咨询：010-64518888
售后服务：010-64518899
网　　址：http://www.cip.com.cn
凡购买本书，如有缺损质量问题，本社销售中心负责调换。

定　　价：98.00 元

# 中文版序

聚乙烯是产量最大的合成树脂，在国民经济和日常生活中得到广泛应用。目前聚乙烯的全球年产量超过 1 亿吨，而且还在不断增长。聚乙烯如此重要，提供一本通俗易懂的书来回答以下问题就很必要：聚乙烯是什么？聚乙烯有哪些类型？有哪些催化剂用于生产聚乙烯？使用哪些工艺生产聚乙烯？以及聚乙烯的性能、市场和对环境影响的评估等。《工业聚乙烯导论》就是这样一本好书。读者只要有基础的化学知识，即使对聚乙烯了解很少，在读了本书以后，也能了解足够的商业上重要的乙烯聚合物和共聚物的知识。对专业人士来说，本书也可以作为高分子化学课程的补充。

《工业聚乙烯导论》的特点是对技术问题的讨论尽可能做到实用、接地气。为解决一些新手读者的困惑，使用通用的术语介绍制造聚乙烯的催化剂和助催化剂、加工应用中的助剂等。如果要深入研究，可阅读所列文献。

中国科学院化学研究所工程塑料重点实验室和国家能源集团宁夏煤业有限责任公司煤炭化学工业技术研究院的研究人员参与了本书的翻译和审校工作。参加翻译的有李化毅、袁炜、王林、刘卫卫、李倩、黄河、王丽、罗志、孟永智和杜夕彦。译文由胡友良教授、焦洪桥教授级高工负责审校。尽管我们都是从事这个行业的研究人员，译书中难免有不妥之处，请读者不吝指正。

本人从事烯烃聚合催化剂和聚合反应的研究工作近 50 年，书中很多实例都是我在过去的研究工作中亲身经历过的，因此对该书的内容备感亲切。我向国内对此领域感兴趣的读者力荐这本书，希望该书能得到你们的关注和认可。

胡友良

2024年6月于北京

中国科学院化学研究所

# 前言

聚乙烯是人类制造的产量最大的合成聚合物。截至撰写本书时，每年约生产7700万吨聚乙烯，在可预见的未来，其增长率将继续保持每年5%左右。聚乙烯被加工成各种形式，从早上放在路边的垃圾袋到人工髋关节，其在日常生活中的应用无处不在。

本书主要为化学家、工程师和学生简要介绍商业上重要的乙烯聚合物和共聚物的基础知识。读者需要接受过少量的化学培训，但是可以对聚乙烯知之甚少。本书也可以作为高分子化学课程的补充。本书主要回答以下基本问题：

① 聚乙烯有哪些类型，它们有何不同？

② 哪些催化剂用于生产聚乙烯，它们如何发挥作用？

③ 助催化剂在聚乙烯生产中的作用是什么？

④ 聚乙烯生产中使用哪些工艺？

⑤ 聚乙烯使用寿命结束后，如何处理？

工业聚乙烯技术中使用的术语可能会令初学者感到困惑。本书将向读者介绍通用的术语，介绍制造聚乙烯的催化剂和助催化剂的化学本质。

第1章回顾了聚乙烯的起源，简介这种多用途聚合物的典型性能和命名原则，并介绍过渡金属催化剂（工业聚乙烯生产中最重要的催化剂）。第2章讨论乙烯自由基聚合和有机过氧化物引发剂，也简要介绍了有机过氧化物的危害和高压工艺。第3、5和6章介绍过渡金属催化剂，用其生产了近四分之三的聚乙烯。第4章介绍与过渡金属催化剂一起使用的烷基金属助催化剂，其与空气和水能发生潜在的危险反应。第7章概述了聚乙烯生产工艺，并对比了每种工艺典型的操作条件。第8章调查聚乙烯下游的各方面（助剂、流变学、环境问题等）。第8章的主题是复杂和广泛的，要详细讨论已经超出了本书的范围。

借此机会向我的朋友和同事们表示感谢，他们对本书的内容提出了建设性的建议。James C.Stevens 和 Rajen Patel 博士（陶氏化学公司，Freeport，得克萨斯州）对产品描述和单中心催化剂提出了建议。Roswell (Rick) E. King Ⅲ博士（Ciba 公司，现在属于 BASF 公司，Tarry town，纽约）和 Brian Goodall 博士对本书的部分内容提出了改进意见。埃克森美孚公司的 Malcolm J. Kaus 博士向我推荐了几篇关于催化剂和工艺技术的优秀文献，并提供了一份关于埃克森美孚公司高压聚乙烯工艺的会议论文重印本。James Strickler 博士（雅宝公司，Baton Rouge，路易斯安那州）对烷基金属这一章提出了有价值的建议。Chemical Marketing Resources 公司（Webster，得克萨斯州）的 Balaji B. Singh 和 Clifford Lee 博士分享了市场和制造工艺的信息。Bill Beaulieu 和 Max McDaniel 博士（雪佛龙菲利普斯公司）审阅了关于 Phillips 催化剂的部分，并为我讲解了这种神秘催化剂的复杂特性。上面提到的人提出的建议对我非常有帮助，我尽力将其融入本书中。然而，本书存在任何的小错误都是我的责任。最后，我要感谢我的出版商 Martin Scrivener，他邀请我来写这本书，并感谢他帮助出版这本书。

最后，我要感谢我在得克萨斯烷基公司（现在的阿克萨诺贝尔公司）的前同事们。我和他们一起工作了 30 多年，一起生产和销售对聚烯烃工业至关重要的烷基金属。这些年来所获得的经验和知识为本书的写作奠定了坚实的基础。然而，因为名单太长了，在此就不一一列出。

我希望读者能从本文中获得有关工业聚乙烯方面的基本信息。

丹尼斯·B.马尔帕斯（Dennis B. Malpass）

2010年3月8日

# 目录

# 第1章 乙烯聚合物简介

## 1.1 聚乙烯的起源

1933 年帝国化学工业公司（ICI）的化学家首次发现了现代聚乙烯[1]。Eric Fawcett 和 Reginald Gibson 尝试在高温高压（142 MPa、170℃）条件下使苯甲醛与乙烯缩合，却只得到了少量产物，结果发现是聚乙烯。他们尝试不加入苯甲醛进行重复试验，却导致了爆炸。1935 年底，ICI 的化学家 Michael Perrin 偶然间使用含有微量氧气的乙烯做实验，结果成功地制备出大量聚乙烯。他发现无论是氧原子本身还是原位形成的过氧化物，都能引发乙烯的自由基聚合。1939 年，ICI 开始商业化生产高压聚乙烯（HPPE），现普遍称为低密度聚乙烯（LDPE）。该产品在第二次世界大战期间用于雷达电缆的绝缘。

其他研究人员的工作预示着聚乙烯的发现。如 1898 年，Hans von Pechman 通过重氮甲烷的分解得到了一种化合物，将其称为“聚亚甲基”。其他化学家在费-托反应中也发现了“聚亚甲基”。这些聚合物大多数分子量较低。1930 年，Marvel 和 Friedrich 使用烷基锂制备出一种低分子量聚乙烯，但并未开展后续研究。McMillan[1]、Kiefer[2]、Seymour 等[3, 4]报道了有关聚乙烯的早期工作。

工业聚乙烯发展史上其他重要的里程碑包括：

① 20 世纪 50 年代早期，美国的 Hogan 和 Banks 与德国的 Ziegler 分别发现了生产线性聚乙烯的过渡金属催化剂。

② 20 世纪 60 年代末与 20 世纪 70 年代出现了气相工艺、线性低密度聚乙烯（LLDPE）和负载型催化剂。

③ 20 世纪 70 年代末，Kaminsky、Sinn 及其同事发现，甲基铝氧烷用作助催化剂时，能够大幅度提升茂金属单中心催化剂的活性。

④ 20 世纪 90 年代，茂金属聚乙烯开始商业化，Brookhart 及其同事发现了非茂金属催化剂。

图 1.1 为 20 世纪聚乙烯发展的时间线。

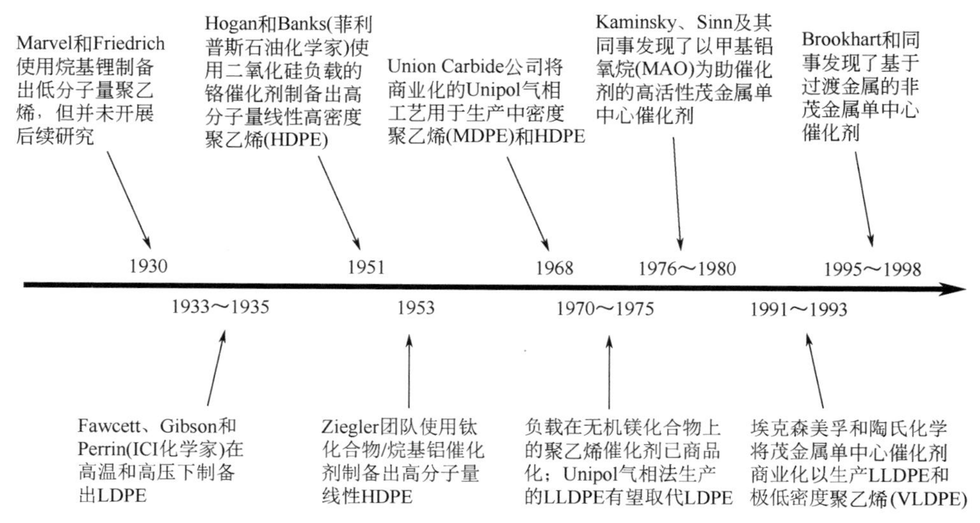


**图 1.1** 20 世纪聚乙烯发展的时间线

本章主要介绍了聚乙烯这种在日常生活中触手可及的材料的基本性质。然而，聚乙烯并不是一种单一材料。本章将讨论不同种类聚乙烯的命名以及它们之间的区别，同时简要介绍聚乙烯的基本特性和分类方法。第 1.5 节将概述过渡金属催化剂，这是目前生产聚乙烯的最重要的催化剂类型。关于过渡金属催化剂的详细内容将在随后的章节中讨论。对工业聚乙烯的基本性质、命名和聚乙烯生产中所用催化剂已有基本了解的读者可以跳过本章。

## 1.2 聚乙烯基本性质

乙烯（$CH_2{=}CH_2$），最简单的烯烃，可以在引发剂和催化剂作用下聚合［式(1.1)］。引发剂最常见的是一些有机过氧化物，它们产生的自由基通过链式反应使乙烯聚合，因而具有高效性。工业上也广泛使用过渡金属催化剂［主要是齐格勒-纳塔（Ziegler-Natta）催化剂和菲利普斯（Phillips）催化剂］，其机理不同，制备的聚乙烯也不同。过渡金属催化剂包括单中心金属催化剂，在 2010 年，单中心催化剂制备的聚乙烯量还很少（<4%）。引发剂、过渡金属催化剂和助催化剂将在第 2～6 章中详细讨论。

$$nCH_2 = CH_2 \xrightarrow{\text{催化剂}} \left[ CH_2CH_2 \right]_n \quad (1.1)$$

如上所述，不同的聚合条件制备出的聚乙烯的结构和性能也有很大差异。在式（1.1）中，下标 $n$ 称为聚合度（DP），对于大多数商用级聚乙烯，$n$ 都大于 1000。式（1.1）中生成的聚合物称为聚乙烯（polyethylene，少数情况下也表达为 polyethene 和 polythene），早期也称为聚亚甲基。Polyethylene 是国际纯粹与应用化学联合会（IUPAC）推荐的均聚物名称。然而，很多重要的含乙烯的聚合物都是共聚物。第 1.3 节中将介绍聚乙烯的分类和命名。虽然有人说聚乙烯这一名称中暗示了不饱和碳原子的存在，但实际上聚乙烯中几乎没有 C=C 键，仅有不到 0.2%的碳原子会形成双键，这些双键主要以乙烯基或亚乙烯基端基的形式出现。

在主要合成树脂中，聚乙烯是成本最低的。它具有优异的耐化学性，可以通过多种加工方式（吹膜成型、挤出成型、吹塑成型、注塑成型等）制成各种形状的制品和部件。聚乙烯的加工制造方法将在第 8 章中讨论。

室温条件下，从工业规模的反应器中得到的聚乙烯通常是白色粉末或颗粒。大多数情况下，将聚乙烯原料熔融后添加适当的助剂（助剂对提高聚乙烯的稳定性和其他性能至关重要，详见第 8 章），之后通过造粒成为半透明状颗粒，并以这种形式供应给下游的加工厂家。造粒工艺提高了树脂的堆积密度，从而提高了包装效率，降低了运输成本及粉尘爆炸的可能性。

聚乙烯原料熔融后加工为约 3 mm 的颗粒

聚乙烯是热塑性材料。所谓热塑性材料是指通过熔融成型后的制品可再次被熔融成型为其他形式（可反复塑制）的材料。聚乙烯通常没有明显的熔点（$T_m$），因分子量、结晶度（或无定形含量）、支链的不同而具有不同的熔融范围。然而，文献中通常将 120～140℃之间称为聚乙烯的“熔点”。聚乙烯通常在 190℃以上加工，呈现为无定形状态，此时的流动特性比熔融范围更重要。熔融的聚乙烯是一种典型的非牛顿流体，即流动性与施加的应力不呈正比（详见 8.3 节）。

式（1.1）所示的乙烯聚合反应可通过几种途径终止，从而产生不同的端基。端基的类型取决于聚合条件、催化剂种类和所使用的链转移剂。端基主要是简单的烷基，因此聚乙烯可视为高分子量烷烃的混合物。

在密度较低的聚乙烯中普遍存在支链。支化程度和支链长度主要取决于共聚单体的插入和聚合机理。支链可分为长支链（LCB）和短支链（SCB）。一般，SCB 表示碳原子数≤6 个的碳链。LDPE 中含有大量 LCB，其支链上可含有数百个碳原子，支链上接支链的现象也很常见。支化增加了无定形的含量，并影响 LDPE 的特性，如薄膜透明度和易加工性。随着支链的增加，聚乙烯密度降低。在线性低密度聚乙烯（LLDPE）中，大量 $\alpha$-烯烃共聚单体的引入造成大量短支链，使其密度降低。

乙烯可与一系列其他乙烯基化合物共聚，如 1-丁烯、1-辛烯和乙酸乙烯酯（VA）。这些化合物被称为共聚单体，并被插入生长中的聚合物链中。含有氧基团的共聚单体，如乙酸乙烯酯，通常称为极性共聚单体。共聚单体的质量分数可以从高密度聚乙烯（HDPE）的 0～1%到某些级别乙烯-乙酸乙烯共聚物的 40%。

共聚单体的含量取决于催化剂或引发剂的性质。例如，极性共聚单体会使 Ziegler-Natta 催化剂中毒。因此，乙烯和乙酸乙烯酯的共聚物目前商业上只能通过自由基引发剂生产。但某些单中心催化剂对极性共聚单体具有耐受性（详见第 6.3 节）。

当乙烯与一定量（＞25%）的丙烯共聚时，会产生弹性体共聚物，通常称为乙丙橡胶（EPR）或二元乙丙橡胶（EPM）。当再引入一种二烯烃时，如双环戊二烯，会得到三元乙丙橡胶（EPDM）。EPR 和 EPDM 是用单中心催化剂和 Ziegler-Natta 催化剂生产的，在汽车和建筑行业中有重要应用。然而，相对于聚乙烯，EPR 和 EPDM 的产量很少。弹性体的性能和工业聚乙烯的性能大不相同，不在本文的讨论范围之内，所以后文不再深入讨论 EPR 和 EPDM。

使用 Ziegler-Natta 催化剂催化乙烯与 $\alpha$-烯烃共聚时，乙烯的活性要高于 $\alpha$-烯烃，这导致共聚物中组分的不均匀性。共聚单体插入的均匀性用组分分布（CD）表示。例如，使用 Ziegler-Natta 催化剂生产的 LLDPE 中，分子量较低的部分含有更多的短支链，这就表明组分分布不均匀。但是利用单中心催化剂制备的乙烯共聚物的组分分布就是高度均匀的。

有很多种聚乙烯材料被用于食品包装，如吹塑牛奶瓶、包装肉类和家禽的薄膜。在欧盟、美国和其他发达国家，这类树脂必须满足食品接触的相关政府法规。在美国，树脂（包括助剂，见第 8 章）必须符合食品药品监督管理局（FDA）对食品接触的要求，如可萃取物和透氧率。现代聚乙烯中催化剂的残留量很低，被认为是树脂的一部分。因此，催化剂残留物不受 FDA 法规的限制。

根据组成不同，聚乙烯种类多得令人眼花缭乱，根据催化剂种类、聚合条件和工艺的不同组合，可制备出分子量、共聚单体、微观结构等各不相同的聚乙烯。从1933 年在实验中意外发现的少于 1 g 的聚乙烯开始，聚乙烯已经成为产量最大的合成树脂，并以百万吨级被应用于无数的消费领域。统计表明，2008 年全球聚乙烯产量约为 7700 万吨[5]。

## 1.3 聚乙烯的分类和命名

工业聚乙烯通常用含有树脂密度或分子量的首字母缩略词来分类和命名，而不采用 IUPAC 的命名方式。少数情况下，共聚物用共聚单体的缩写来命名。本节主要讨论工业聚乙烯领域的基本命名（分子量将在第 1.4 节中讨论）。

密度测量可以采用密度梯度管和流体静压（位移）法。密度与结晶度直接相关，实际上可以用密度来估算聚乙烯的结晶度。

1937 年，塑料工业协会（SPI）成立，根据密度将聚乙烯分为三大类：

① 低密度聚乙烯：0.910～0.925 g/cm$^3$。

② 中密度聚乙烯：0.926～0.940 g/cm$^3$。

③ 高密度聚乙烯：0.941～0.965 g/cm$^3$。

美国材料与试验协会（ASTM）也定义了各种类型的聚乙烯，在其刊发的《塑料相关标准术语》（ASTM D 883—00）中，根据密度将聚乙烯分类如下：

① 高密度聚乙烯（HDPE）：>0.941 g/cm$^3$。

② 线性中密度聚乙烯（LMDPE）：0.926～0.940 g/cm$^3$。

③ 中密度聚乙烯（MDPE）：0.926～0.940 g/cm$^3$。

④ 线性低密度聚乙烯（LLDPE）：0.919～0.925 g/cm$^3$。

⑤ 低密度聚乙烯（LDPE）：0.910～0.925 g/cm$^3$。

SPI 和 ASTM 的分类虽然可以作为基础，但不足以概括工业上所有的聚乙烯。所以，聚乙烯的分类还需要通过进一步细分来表述额外的信息，如分子量或使用的共聚单体。此外，制造商也会使用自己的命名法和商品名。显然，各种聚乙烯的命名有些随意和主观。读者可能会遇到其他命名方式，不应刻板地理解分类。现将工业上常用的各种聚乙烯分类概述如下。

① 极低密度聚乙烯：VLDPE，也被一些制造商称为超低密度聚乙烯（ULDPE），主要使用 Ziegler-Natta 催化剂和 $\alpha$-烯烃共聚单体生产。其密度范围在 0.885～0.915 g/cm$^3$ 之间。用单中心催化剂生产的 VLDPE 具有热塑性和弹性两种性能，故称为聚烯烃热塑性弹性体（POP）和聚烯烃弹性体（POE）。POP 的密度在 VLDPE

的密度范围内，POE 的密度在 0.855～0.885 $g/cm^3$ 之间。制造商注册了多个 POE 和 POP 的商标，如 Affinity®、Engage®和 Exact®。VLDPE 主要应用于食品包装。

② 低密度聚乙烯：LDPE，最早的聚乙烯，由有机过氧化物或其他易分解成自由基的化合物引发乙烯自由基聚合而成。其密度通常为 0.915～0.930 $g/cm^3$。LDPE 是最容易加工的聚乙烯，经常与 LLDPE 和 HDPE 混合，以提高两者的加工性能。LDPE 具有很多支链和较高的无定形含量，所以使用 LDPE 制造的食品包装薄膜具有很高的透明度，这是其主要的应用。

③ 乙烯与极性单体的共聚物

a．乙烯-乙酸乙烯酯共聚物：EVA，是目前最常见的乙烯-极性单体共聚物，使乙烯与乙酸乙烯酯在自由基引发剂的作用下发生共聚来制得，不能通过 Ziegler-Natta 催化剂或负载型铬催化剂制备。EVA 中的乙酸乙烯酯含量从 8%～40%不等。其密度取决于乙酸乙烯酯的量，通常为 0.93～0.96 $g/cm^3$。在适当的条件（非常高的温度）下共聚时，共聚单体的插入是随机的，从而产生均匀的组分分布。EVA 含有较高的无定形含量，其薄膜产品具有极好的透明度。与 LDPE 和 LLDPE 相比，EVA 的熔点较低，可应用于热封领域。

b．乙烯-乙烯醇共聚物：EVOH，特指 EVA 碱性水解而成的树脂，可以看作是乙烯与假定的共聚单体“乙烯醇”的共聚产物。事实上，乙烯与乙烯醇不可能发生共聚。以醇的形式，乙烯醇只能以微量（0.00006%）存在于乙醛的酮-烯醇互变异构体中[6]。由于“乙烯醇”的含量较高，EVOH 的密度（0.96～1.20 $g/cm^3$）通常比其他类型的聚乙烯高。EVOH 具有优异的阻氧性，其主要应用是食品包装的层压膜。

c．乙烯-丙烯酸共聚物（EAA）和乙烯-甲基丙烯酸（EMA）共聚物：EAA 和 EMA 由乙烯分别与丙烯酸和甲基丙烯酸通过自由基共聚而成。为了降低某些等级共聚物的玻璃化转变温度并提高其韧性，丙烯酸酯类单体会作为第三单体被引入。与 EVA 一样，EMA 和 EAA 不能通过 Ziegler-Natta 催化剂或负载型铬催化剂来制备。其密度取决于极性共聚单体的加入量，通常在 0.94～0.96 $g/cm^3$ 之间。EAA 和 EMA 共聚物对铝等金属有良好的黏附性，可用于金属层压板。EAA 和 EMA 也可用作离子聚合物的前体。离子聚合物是通过大部分（约 90%）的羧基和碱［通常是 NaOH 和 $Zn(OH)_2$］反应生成的。离子聚合物在室温下是橡胶固体，但在较高温度下会变成热塑性材料。虽然离子聚合物的结晶度较低，但它们具有优异的拉伸强度和黏附力，并且能形成非常坚韧的薄膜。离子聚合物广为人知的应用是耐用（非切割）高尔夫球的涂层。2007 年左右，钾离子聚合物开始商业化，并因其可赋予共混物抗静电性能而得到推广[7]。

④ 线性低密度聚乙烯：LLDPE，由乙烯与$\alpha$-烯烃在 Ziegler-Natta 催化剂、负载型铬催化剂或单中心催化剂作用下共聚而成。LLDPE 不能通过自由基聚合生产。

其密度通常为 0.915～0.930 g/cm³。1-丁烯、1-己烯和 1-辛烯是最常见的共聚单体，它们合成的 LLDPE 的短支链分别为乙基、正丁基和正己基。共聚单体的含量取决于最终合成树脂的用途。共聚单体摩尔分数通常在 2%～4%之间。共聚单体越多密度越低。图 1.2 展示了乙烯/$\alpha$-烯烃共聚物的密度与共聚单体含量的关系。相对于 LDPE，LLDPE 具有更好的力学性能，主要制备吹膜和流延膜，用于食品和零售包装。由于 LLDPE 具有的无定形含量较低且组分分布不均匀，其薄膜的透明度不如自由基聚合制备的 LDPE。

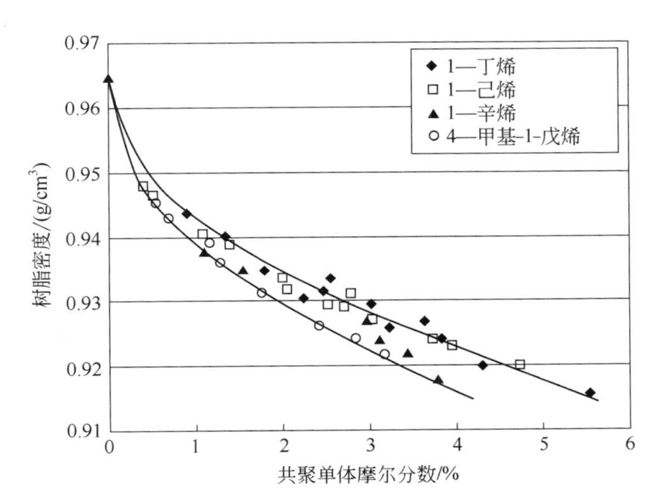


**图 1.2** 乙烯/$\alpha$-烯烃共聚物的密度与共聚单体含量的关系

⑤ 中密度聚乙烯：MDPE（或中高密度聚乙烯 MDHDPE），由乙烯与$\alpha$ -烯烃通过 Ziegler- Natta 催化剂、负载型铬催化剂或单中心催化剂共聚而成，不能由自由基聚合产生。MDPE 具有与 LLDPE 相似的线性结构，但共聚单体含量较低。密度通常为 0.93～0.94 g/cm³。MDPE 多用于土工膜和管道。

⑥ 高密度聚乙烯：HDPE，采用 Ziegler-Natta 催化剂或 Phillips 催化剂通过乙烯聚合制备，不能用自由基聚合生产，密度通常为 0.94～0.97 g/cm³。在许多商品级 HDPE 中，会加入少量（<1%）$\alpha$-烯烃共聚单体来引入低浓度的短支链，在提高加工性能的同时提高韧性和耐环境应力开裂性。与 LLDPE 和 MDPE 相比，HDPE 具有较高的模量、屈服强度和拉伸强度。由于结晶度较高，HDPE 膜的透明度不能和 LDPE、LLDPE 膜相比。HDPE 广泛应用于水和燃气管道。另一个重要应用是家用和工业化学品（HIC）的吹塑包装，如漂白剂、洗发水或洗涤剂等的瓶子。

⑦ 高分子量高密度聚乙烯：HMW-HDPE（或 HMWPE），由 Ziegler-Natta 催化剂或负载型铬催化剂制备，不能用自由基聚合生产。其分子量在 20 万～50 万之

间，密度通常在 0.94～0.96 g/cm$^3$ 范围内。HMW-HDPE 通常用串联反应器生产，其结果是共聚单体插入到高分子量部分，分子量呈双峰分布。HMW-HDPE 主要应用于管道、杂货袋和汽车油箱。

⑧ 超高分子量聚乙烯：UHMWPE，采用 Ziegler-Natta 催化剂生产，通常不加入共聚单体，分子量在 300 万～700 万之间。UHMWPE 的密度很低，约 0.94 g/cm$^3$，这很可能是由于极长的聚合物链造成了晶体缺陷和层状效应。UHMWPE 具有优异的冲击强度和耐磨性。虽然 UHMWPE 在标准设备上难以加工，但可以通过模压成型制备假肢装置，例如人工髋关节，或者通过凝胶纺丝形成非常坚韧的纤维，制备成执法人员穿戴的防弹背心。UHMWPE 还可以用于制备电池的多孔隔膜。

⑨ 环烯烃共聚物：COC，由乙烯与环状烯烃（如降冰片烯[8]）共聚形成的一种特殊的无定形树脂。COC 具有优良的光学性能，多使用单中心催化剂生产，不能使用传统的 Ziegler-Natta 催化剂。与主要类型的聚乙烯相比，COC 的产量非常小（<5000 t/a）。COC 通常含有摩尔分数为 40%～70%的乙烯，由于乙烯的分子量远小于共聚单体的分子量，乙烯的质量分数只有 15%～35%。大多数商品级 COC 密度为 1.02～1.08 g/cm$^3$。主要用于制备药品的吸塑包装和防眩光偏光膜等[9]。

⑩ 交联聚乙烯：XLPE（或 PEX），将聚乙烯（主要是 HDPE 和 MDPE）在过氧化物、紫外线或电子束辐射产生的自由基作用下交联制备而成。另一个更复杂的合成过程是用自由基将乙烯基硅烷化合物（如乙烯基三甲氧基硅烷）接枝到聚乙烯链上，而后通过水汽水解，使硅烷交联。XLPE 具有优异的耐环境应力开裂性（ESCR）和低蠕变性，多用于住宅管道。

上述分类名称都是聚乙烯工业中常用的名称，这些名称也将贯穿本书。IUPAC 的命名通常更加复杂。例如，IUPAC 命名共聚物时，以其单体的分布特征为依据，如无规共聚物、交替共聚物或者嵌段共聚物等。如果这些条件不清楚或者未知，则该共聚物就用“co”作中缀简单命名。例如乙烯和 1-丁烯的共聚物 LLDPE，按照 IUPAC 的命名原则应称为聚（乙烯-co-1-丁烯）。表 1.1 列出了其他常见含乙烯的共聚物的 IUPAC 名称。

**表 1.1** IUPAC 命名的乙烯共聚物

| 聚合物缩写 | 共聚单体 | IUPAC 名称 |
| --- | --- | --- |
| LDPE | 无 | 聚乙烯 |
| VLDPE | 1-丁烯 | 聚（乙烯-co-1-丁烯） |
| LLDPE | 1-丁烯 | 聚（乙烯-co-1-丁烯） |
| LLDPE | 1-己烯 | 聚（乙烯-co-1-己烯） |
| LLDPE | 1-辛烯 | 聚（乙烯-co-1-辛烯） |

续表

| 聚合物缩写 | 共聚单体 | IUPAC 名称 |
|---|---|---|
| LLDPE | 4-甲基-1-戊烯 | 聚（乙烯-co-4-甲基-1-戊烯） |
| EVA | 乙酸乙烯酯 | 聚（乙烯-co-乙酸乙烯酯） |
| EMA | 甲基丙烯酸 | 聚（乙烯-co-甲基丙烯酸） |
| EVOH | 乙烯醇① | 聚（乙烯-co-乙烯醇） |
| HDPE | 无② | 聚乙烯 |
| COC | 降冰片烯 | 聚（乙烯- co-降冰片烯） |

① 假设的共聚单体（见第 1.3 节）。

② 加入少量的$\alpha$-烯烃以改善聚合物性能。

聚乙烯的微观结构取决于催化剂类型、聚合条件、使用的共聚单体等。自由基聚合产生的聚乙烯和共聚物（LDPE、EVA、EAA 等）既含有短支链又含有长支链，与 LLDPE 和 HDPE 相比，具有较高的无定形含量。由于$\alpha$-烯烃共聚单体的插入，LLDPE 和 VLDPE 含有很多短支链。HDPE 的短支链很少，因为共聚单体的用量很少。用 Ziegler-Natta 催化剂生产的 HDPE 基本上没有长支链，而用 Phillips 催化剂合成的 HDPE 却含有少量的长支链[10]。图 1.3 至图 1.7 给出了几种聚乙烯的微观结构示意图。短支链和长支链可用多种分析技术来确定，例如红外光谱（IR）、核磁共振（NMR，$^{1}$H 谱和 $^{13}$C 谱）、质谱和升温洗脱分级（TREF）等方法。

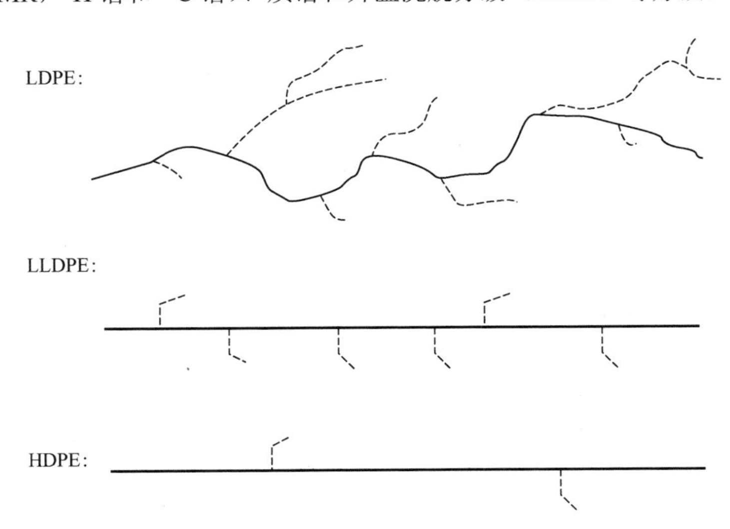


**图 1.3** 不同类型聚乙烯的微观结构示意图

实线代表聚合物的主链，虚线代表短支链（SCB）和长支链（LCB）

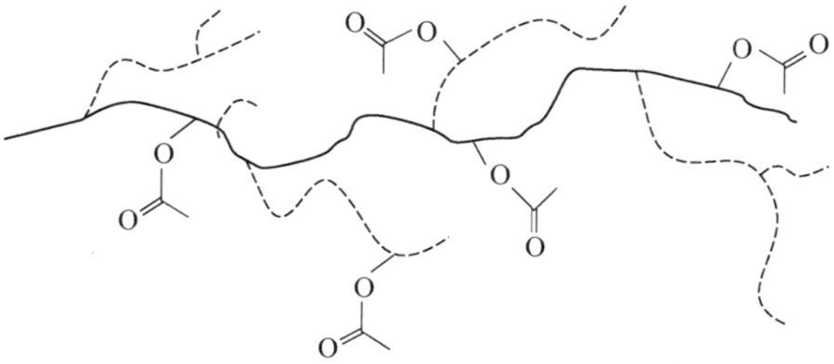

**图 1.4** 乙烯-乙酸乙烯酯共聚物的微观结构示意图

实线代表聚合物的主链，虚线代表短支链（SCB）和长支链（LCB），VA 单体形成乙酰氧基侧基

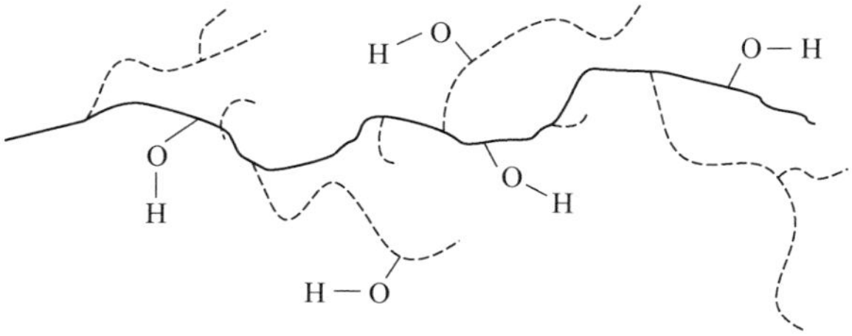

**图 1.5** 乙烯-乙烯醇共聚物微观结构示意图

实线代表聚合物的主链，虚线代表短支链（SCB）和长支链（LCB），
VA 单体形成的乙酰氧基水解后成为—OH 基团

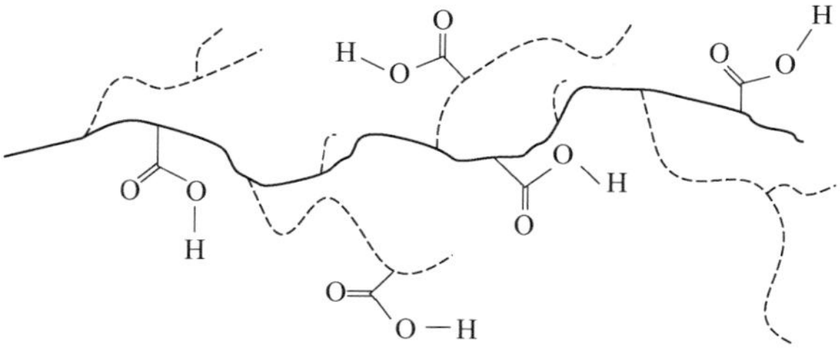

**图 1.6** 乙烯-丙烯酸共聚物微观结构示意图

实线代表聚合物的主链，虚线代表短支链（SCB）和长支链（LCB），“丙烯酸”（AA）
单体形成了羧基侧基；乙烯-甲基丙烯酸共聚物的微观结构与之相似，但多了一个甲基

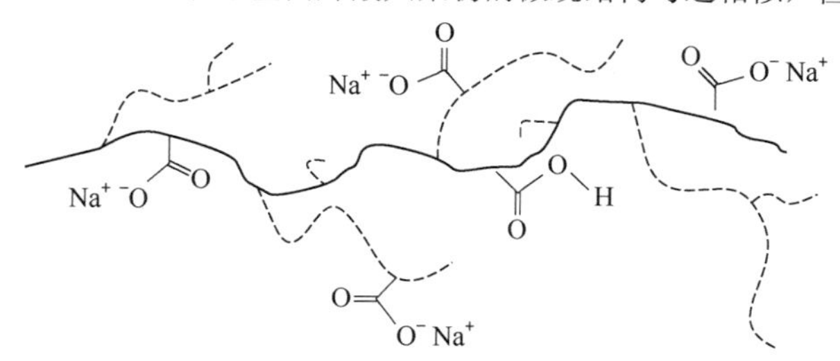


**图 1.7** 乙烯-丙烯酸离子聚合物微观结构示意图

实线代表聚合物的主链，虚线代表短支链（SCB）和长支链（LCB），“丙烯酸”
单体形成的 90%羧基侧基与 Bronsted 碱（如氢氧化钠）反应转化成盐

表 1.2 总结了聚乙烯工业中常用的分类。这里需要做一个简短的注释，以结束对聚乙烯分类和命名的论述。20 世纪 90 年代初，市场上出现了几种用茂金属催化剂（一种单中心催化剂，见第 6 章）生产的聚乙烯。为了区分茂金属催化剂和传统催化剂合成的聚乙烯，茂金属产品有时缩写为 mVLDPE、mLLDPE 等。

**表 1.2** 聚乙烯工业中常用的分类

| 聚合物名称 | 密度范围/（$g/cm^3$） | 典型共聚单体 | 催化剂 |
|---|---|---|---|
| 极低密度聚乙烯（VLDPE）① | 0.885～0.915 | $\alpha$-烯烃 | Ziegler-Natta 催化剂，单中心催化剂 |
| 低密度聚乙烯（LDPE） | 0.915～0.930 | 无 | 有机过氧化物 |
| 乙烯-乙酸乙烯酯共聚物（EVA） | 0.93～0.96 | 乙酸乙烯酯 | 有机过氧化物 |
| 乙烯-丙烯酸共聚物/乙烯-甲基丙烯酸共聚物（EAA/EMA）② | 0.94～0.96 | 丙烯酸，甲基丙烯酸 | 有机过氧化物 |
| 乙烯-乙烯醇共聚物（EVOH）③ | 0.96～1.20 | 乙酸乙烯酯 | 有机过氧化物 |
| 线性低密度聚乙烯（LLDPE） | 0.915～0.930 | $\alpha$-烯烃 | Ziegler-Natta 催化剂，负载型铬催化剂，单中心催化剂 |
| 中密度聚乙烯（MDPE） | 0.93～0.94 | $\alpha$-烯烃 | 单中心催化剂，Ziegler-Natta 催化剂，负载型铬催化剂 |
| 高密度聚乙烯（HDPE）④ | 0.94～0.97 | $\alpha$-烯烃⑤ | Ziegler-Natta 催化剂，负载型铬催化剂 |
| 超高分子量聚乙烯（UHMWPE） | 约 0.94 | 无 | Ziegler-Natta 催化剂 |
| 环烯烃共聚物（COC） | 1.02～1.08 | 降冰片烯 | 单中心催化剂 |

① 也被称为 ULDPE。

② 生产离子聚合物的前体。

③ 由 EVA 皂化制得。

④ 包括 XLPE。

⑤ 少量的$\alpha$-烯烃通常用于改善聚合物的性能。

## 1.4 聚乙烯的分子量

除密度以外，制造商一般还会提供与聚乙烯分子量和分子量分布相关的数据。分子量大小一般采用熔融指数（MI）或熔体流动指数（MFI）表示，测量190℃和2.16 kg 载荷下 10 min 内通过标准模口挤出的聚乙烯的量，单位为 g/10 min 或 dg/min，测量设备称为熔融指数仪，测量标准为 ASTM D 1238—04c，条件为190/2.16，前者表示温度（℃），后者表示载荷（kg）。熔融指数有时也用 $I_2$ 表示，与分子量成反比，即熔融指数随分子量的减少而增加。除密度以外，熔融指数是工业聚乙烯最广泛引用的参数。

使用熔融指数仪测量的另一个主要参数是高负荷熔融指数（HLMI），测量温度还是 190℃，但载荷是 21.6 kg（ASTM D 1238—04c，条件为 190/21.6），单位也是 g/10 min 或 dg/min。HLMI 常用于表征具有非常高分子量的聚乙烯。当聚乙烯 MI 很小（MI<1）时，在 2.16 kg 载荷下测量挤出物的量很少，测量不准确，因此 HLMI 可以更准确地表示高分子量的 MI。

将 HLMI 除以 MI 得到熔融指数比（MIR），这是一个无量纲参数，可以表征分子量分布（MWD）大小。MIR 越高，分子量分布越宽。

$$\mathrm{MIR} = \mathrm{HLMI}/\mathrm{MI} \tag{1.2}$$

ASTM D 1238—04c 中定义了聚乙烯的流速比（FRR），为 190/10 条件下的 MI 除以 190/2.16 条件下的 MI，缩写为 $I_{10}/I_2$。这个数值与 MIR 一样，是无量纲的，用来表征分子量分布。

MFR 有时会错误地用于表示聚乙烯。ASTM 建议将 MFR 应用于其他热塑性塑料，将 MI 用于表示聚乙烯（见 ASTM D 1238—04c 第 10 页注释 27）。ASTM D 1238—04c 也有定义 MFR，但在大多数情况下使用不同的条件，例如聚丙烯的 MFR 在 230℃和 2.16 kg 载荷条件下测定。

MI 和 MIR 用来表征分子量和分子量分布，其测量成本低，也相对容易进行。分子量可以通过很多种分析方法来表征，如凝胶渗透色谱（GPC，也称为体积排除色谱 SEC）、黏度测量、光散射测量和依数性测量。然而这些方法需要精密的仪器，成

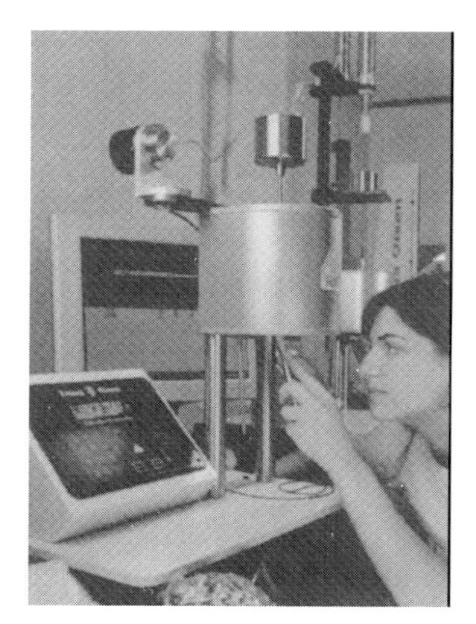

聚乙烯的熔融指数可以在熔融指数仪上测量
（照片由 Tinius Olsen 提供）

本更高且操作复杂，不适用于常规的质量控制。

数均分子量（$\overline{M_n}$）由以下公式计算：

$$\overline{M_n} = \Sigma M_x N_x / \Sigma N_x \tag{1.3}$$

式中，$M_x$ 和 $N_x$ 分别代表聚合物中第 $x$ 组分的分子量和物质的量。

重均分子量（$\overline{M_W}$）采用二阶方程计算：

$$\overline{M_W} = \Sigma M_x^2 N_x / \Sigma M_x N_x \tag{1.4}$$

三阶方程可计算 $Z$ 均分子量（$\overline{M_Z}$）：

$$\overline{M_Z} = \Sigma M_x^3 N_x / \Sigma M_x^2 N_x \tag{1.5}$$

更高阶的平均分子量也可以计算，但是没有 $\overline{M_n}$、$\overline{M_W}$ 和 $\overline{M_Z}$ 重要。这 3 个平均分子量对于多分散性聚合物，如聚乙烯，有以下关系：

$$\overline{M_Z} > \overline{M_W} > \overline{M_n} \tag{1.6}$$

$\overline{M_W}/\overline{M_n}$ 的比值称为多分散性指数（PDI，也称多相指数或分散指数），可以表征分子量分布的大小。多分散性指数增加，分子量分布变宽。如果聚合物由单一的大分子组成，则多分散性指数为 1.0，该聚合物可称为单分散聚合物。

用过渡金属催化剂生产的聚乙烯，分子量分布在很大程度上取决于所使用的催化剂。聚乙烯的多分散性指数通常为 2～3（单中心催化剂）、4～6（Ziegler-Natta 催化剂）或 8～20（负载型铬催化剂），这些差异如图 1.8 所示。具有如图 1.8 所示分子量分布的聚乙烯称为单峰聚乙烯。

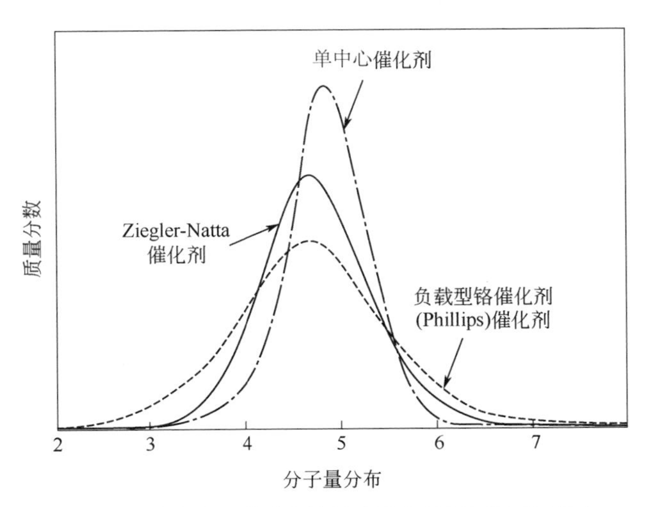


**图 1.8** 过渡金属催化剂制备的聚乙烯的分子量分布

（Kirk-Othmer Encyclopedia of Chemical Technology. 6th ed. John Wiley and Sons, Inc., 2006）

在某些特定应用中，如吹塑成型，分子量分布更宽的聚乙烯具有更好的性能均衡性。较高的分子量组分提供机械强度，较低的分子量组分改善流动性能，使聚合物更易加工。如果能够生产出分子量双峰分布的树脂，就可以同时实现良好的机械性能和易加工性能。

双峰分布聚乙烯有多种制备方法。最简单的方法是将聚合产生的不同熔融指数的聚乙烯共混。另两种方法需在反应器内实现制备。一种方法是使用混合催化剂体系，不同的催化剂制备出不同分子量的聚乙烯，这要求催化剂之间具有相容性。另一种方法采用串联反应器，在不同的聚合条件下运行（见 7.6 节）。图 1.9 展示了在 Unipol 气相法中使用单一单中心催化剂（SSC）制备的双峰分子量分布的聚乙烯。

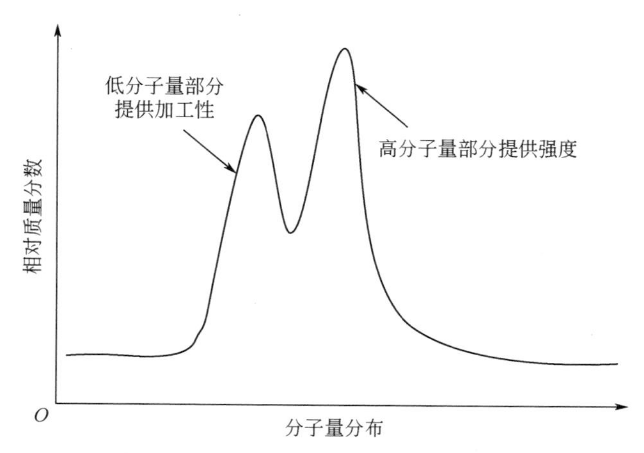


**图 1.9** Unipol 气相法用单中心催化剂制备的双峰分子量分布的聚乙烯
（Ferez P J. 2th Asian Petrochemicals Technology Conference, May 7-8, 2002, Seoul, Korea.）

直接比较聚乙烯的熔融指数和分子量大小时需要谨慎，只有当聚合物具有相似的条件（使用相同的催化剂和相同的制备工艺，具有几乎相同的密度等）时，这种比较才适用。具有类似条件的一系列 LLDPE 的熔融指数与分子量之间的关系如图 1.10 所示。虽然熔融指数很重要，但它几乎没有提供熔体剪切敏感度的信息。聚合物在应用中，其应力下的变形行为（即“流变学”，见第 8.3 节）非常重要，这通常需要另外进行测试。

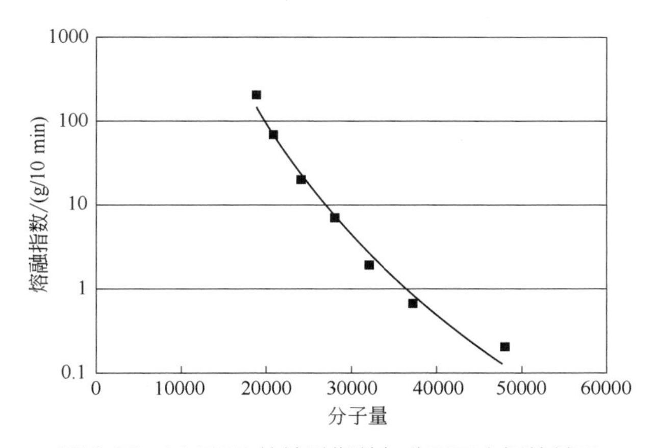


**图 1.10** LLDPE 的熔融指数与分子量之间的关系
（密度为 0.920 g/cm$^3$；数据来自 Boenig H. Polyolefins: Structure and Properties. Elsevier，1966: 80.）

# 1.5 用于乙烯聚合的过渡金属催化剂

如上文所述，除了使用自由基引发聚合外，乙烯还可以通过过渡金属催化剂催化聚合。过渡金属催化剂在聚乙烯产业占有很重要的地位。2008 年，用过渡金属催化剂制备的聚乙烯约 5600 万吨（1240 亿磅[❶]），占全球产量的 73%。

本节中，我们将介绍过渡金属催化剂的基本特性。过渡金属催化剂的聚合条件没有自由基聚合那么严苛。生产聚乙烯的过渡金属催化剂包括 Ziegler-Natta 催化剂、负载型铬催化剂和单中心催化剂，这些催化剂在后续章节会详细讨论。这些催化剂的主要组分是元素周期表中ⅣB～ⅥB 族的过渡金属化合物。典型的 Ziegler-Natta 催化剂（详见第 3 章）通常来源于无机钛化合物。负载型铬催化剂中最著名的和使用最广泛的是 Phillips 催化剂（详见第 5 章），此外还有其他种类。铬催化剂必须用难熔融的氧化物（通常是硅胶）作载体才能起作用。大多数商用的单中心催化剂（详见第 6 章）都含有锆、铪或者钛元素。20 世纪 90 年代中期，基于后过渡金属（如 Pd、Fe 和 Ni）的单中心催化剂开始出现。

所有过渡金属催化剂必须满足以下几个关键标准：

① 活性必须足够高，这样才能确保经济性，并且最终聚合物中的催化剂残留必须足够低，以避免后处理工序。通常要求催化剂活性超过每磅过渡金属中含 150000 磅聚乙烯时的活性。

❶ 1 磅=0.4536 kg。

② 催化剂必须具有将聚合物分子量控制在一定范围内的能力。

a．对于 Ziegler-Natta 催化剂和单中心催化剂，分子量主要由链转移剂氢气来控制。催化剂与氢反应调控分子量的方法称为氢调。

b．一般来说，负载型铬催化剂制备高熔融指数（低分子量）聚乙烯较难，因为大多数铬催化剂对氢不敏感。通过对碱性铬催化剂进行化学改性、合理选择聚合温度和乙烯浓度来调控聚乙烯分子量。

③ 多分散性指数的控制。虽然每种催化剂都有自己独特的分子量分布范围，但也可以采取措施以增大其多分散性指数。一般来说，具有更宽分子量分布的聚乙烯可以在机械性能（模量、韧性等）和易加工性之间取得更好的平衡。

④ 要制备共聚物 VLDPE 或 LLDPE，共聚单体的引入要满足要求。一方面插入共聚单体的量（用密度表示）要够，另一方面其在分子链上的分布（用组分分布表示）要合适。一般来说，负载型铬催化剂比 Ziegler-Natta 催化剂更容易插入共聚单体。

⑤ 催化剂必须具有适当的聚合速率，其动力学曲线应当适合所选的工艺。图 1.11 给出了几种过渡金属催化剂典型的动力学曲线。

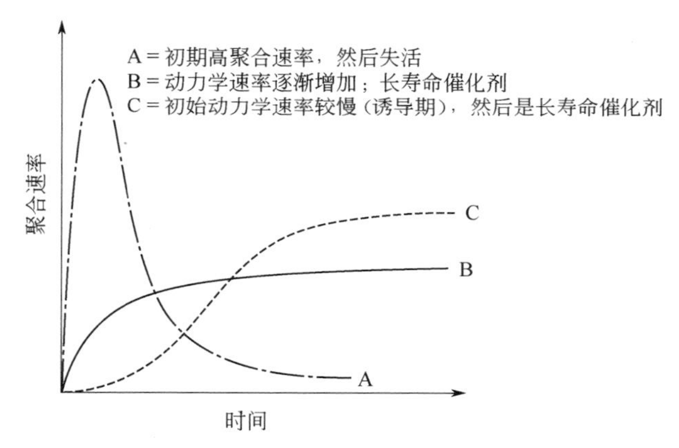


**图 1.11** 几种过渡金属催化剂典型的动力学曲线

后续章节中将详细讨论过渡金属催化剂的组成和功能。

过渡金属催化剂对聚乙烯的生产至关重要。事实上，没有这些催化剂就不能生产线性聚乙烯。很难想象，在家用、汽车和工作场所中如果没有聚乙烯产品，世界会是什么样子。在可预见的未来，Ziegler-Natta 催化剂和负载型铬催化剂将继续作为生产 LLDPE 和 HDPE 的主要催化剂。然而，随着单中心催化剂技术的成熟，它们在聚乙烯生产中的重要性将不断提高，并对 Ziegler-Natta 催化剂和负载型铬催化剂体系起到补充的作用。表 1.3 中总结了用于制备聚乙烯的各种过渡金属催化剂的特征。

**表 1.3** 用于制备聚乙烯的各种过渡金属催化剂的特征

| 项目 | Ziegler-Natta 催化剂 | 负载型金属氧化物催化剂 | 单中心催化剂 |
|---|---|---|---|
| 常用过渡金属 | 主要是 Ti，少量 V | 主要是 Cr，少量 Mo | 主要是 Zr 和 Ti |
| 催化剂载体 | $MgCl_2$, $SiO_2$ | $SiO_2$, $SiO_2$-$Al_2O_3$, $Al_2O_3$, $AlPO_4$ | 一般不负载 |
| 典型助催化剂 | 三乙基铝 | 第一代 Phillips 催化剂不需要助催化剂 | 甲基铝氧烷，改性甲基铝氧烷和硼烷 |
| 主要商业化生产的聚合物 | LLDPE, VLDPE, HDPE | HDPE, LLDPE | LLDPE, VLDPE |
| 典型分子量分布（多分散性指数） | 4~6 | 8~20 | 2~3 |

# 参考文献


[1] Mcmillan F M. The Chain Straighteners. London: MacMillan Publishing Company, 1979.

[2] Kiefer D M. Today's Chemist at Work. 1997: 51.

[3] Seymour R B, Cheng T. History of Polyolefins. Dordrecht, Holland: D. Reidel Publishing Co., 1985.

[4] Seymour R B. Advances in Polyolefins. New York: Plenum Press, 1985: 3.

[5] Lee C, Singh B. Chemical Marketing Resources. Webster, TX, 2009.

[6] Smith M B, March J. March's Advanced Organic Chemistry. 5th ed. New York: John Wiley & Sons, 2001: 74.

[7] Morris B. Society of Plastics Engineers. International Conference on Polyolefins, February 25-28, 2007, Houston, TX.

[8] Jester R D. Society of Plastics Engineers. International Conference on Polyolefins, February 25-28, 2007, Houston, TX.

[9] Anon. APEL® Cyclo Olefin Copolymer Product Sheet. Mitsui Chemicals Americas, Inc., 2007.

[10] Mcdaniel M P. Handbook of Heterogeneous Catalysis. Weinheim: VCH Verlagsgesellschaft, 1997, 5: 2400.

# 第2章
# 乙烯自由基聚合

## 2.1 概述

第 1 章中已经提到，高支化低密度聚乙烯及其与极性单体的共聚物只能采用自由基聚合在高压高温条件下制得（其他商业化聚乙烯均由过渡金属催化剂在相对温和条件下制得，详见第 3、5 和 6 章）。引发剂是如何实现乙烯自由基聚合的呢？这一问题将在本章中探讨。采用高压釜和环管聚合工艺制备低密度聚乙烯及其与极性单体的共聚物将在第 7 章探讨。

自从采用 Unipol 气相法制备的线性低密度聚乙烯在 1975 年商业化以来[1]，有关 LDPE 会消亡的预测便广泛传播。

尽管线性低密度聚乙烯具有更优良的机械性能，并且生产成本更低，但其在易加工性和光学性能（尤其是透明度）方面与 LDPE 还是无法匹敌。不可否认，在某些应用领域 LLDPE 确实替代了 LDPE。然而，尽管比其他种类的聚乙烯发展速度慢，LDPE 还是幸存了下来，并取得一定发展[2,3]。自 LDPE 发现至 2010 年，高压聚合工艺制备的 LDPE 仍是聚烯烃工业领域中的中流砥柱。在很长一段时间内，LDPE 几乎没有新增产能，而 2010 年之前有关建设生产 LDPE 新工厂的重大项目已经宣布[4,5]，这些新工厂拥有更大的产能（>300000 t/a）。据报道[3,6]，现代大型工厂的规模效应使得 LDPE 的成本低于 LLDPE，这与 20 世纪 70 年代气相法 LLDPE 刚出现时的情况正好相反。

## 2.2 乙烯自由基聚合机理

第 1 章讨论了乙烯自由基聚合制备 LDPE 的起源，此聚合方式源于 20 世纪 30 年代早期 ICI 化学家的开创性工作。引发乙烯自由基聚合的试剂称为引发剂，有时也称为催化剂（后者从理论上来说并不正确，因为此种试剂在反应过程中是被消耗的）。有机过氧化物是乙烯自由基聚合最常用的引发剂。

由于反应在高压（15000～45000 psig❶）下进行，乙烯以液相形式存在并在溶液中发生聚合。因为反应温度高（通常为>200℃），聚乙烯溶解在未反应单体中，因此反应体系是均相的。反应物在反应分离容器中冷却后，LDPE 析出。与其他工艺（高压釜工艺停留时间<30 s，环管工艺停留时间<3 min）相比，此聚合工艺反应器停留时间非常短[7]。

在聚合反应器中，有机过氧化物发生均裂生成自由基。乙烯聚合通过链式反应进行，自由基进攻乙烯单体分子进行引发，之后通过不断添加单体使链增长持续进行。

链终止可以通过自由基的结合（耦合）或歧化反应而发生。链转移主要通过大分子自由基捕获单体或溶剂中的质子来实现。一种低分子量碳氢化合物，如丁烷，可用作链转移剂，从而降低分子量。图 2.1 给出了链引发、链增长、链终止和链转移的反应示意图。图 2.1 所示的链终止反应表明，LDPE 的末端基团通常是乙烯基或乙基。图 2.2 和图 2.3 给出了正丁基和 2-乙基己基侧链的形成机理（称为“回咬”）。

除了使用链转移剂外，还可以通过控制压力和温度来调节 LDPE 的分子量。压力增大时，聚合物分子量增加。温度升高，支化度增强。

链引发：

$$ROOR \longrightarrow 2\,RO^{\cdot}$$

(如图2.4所示结构的有机过氧化物)

$$2\,RO^{\cdot} + CH_2{=\!=}CH_2 \longrightarrow ROCH_2CH_2^{\cdot}$$

链增长：

$$ROCH_2CH_2^{\cdot} + (x+1)CH_2{=\!=}CH_2 \longrightarrow ROCH_2CH_2(CH_2CH_2)_xCH_2CH_2^{\cdot} \equiv R_p\cdot$$

**图 2.1**

---

❶ 1psig=6894.757 Pa。

链终止：

耦合： $R_p\cdot + R_p\cdot \longrightarrow R_p-R_p$

歧化： $-CH_2CH_2^{\cdot} + {}^{\cdot}CH_2CH_2- \longrightarrow -CH=CH_2 + CH_3CH_2-$

链转移：

$-CH_2CH_2^{\cdot} + CH_2=CH_2 \longrightarrow -CH=CH_2 + CH_3CH_2^{\cdot}$

$-CH_2CH_2^{\cdot} + CH_2=CH_2 \longrightarrow -CH_2CH_3 + CH_2=CH^{\cdot}$

$-CH_2CH_2^{\cdot} + R'H^{①} \longrightarrow -CH_2CH_3 + R'^{\cdot}$

①R' H＝溶剂、链转移剂等

**图 2.1** 乙烯自由基聚合的反应示意图

自由基从分子链末端向内部碳原子的分子内链转移称为回咬，此过程生成短支链。如图 2.2 和图 2.3 所示，这一过程通常发生在大分子自由基末端的第 5 个碳原子上（$\delta$ 到自由基）。LDPE 的短支链大部分为乙基、丁基和 2-乙基己基[8,9]。自由基与另一分子链的分子间链转移生成长支链，这是 LDPE 的一个典型特征。

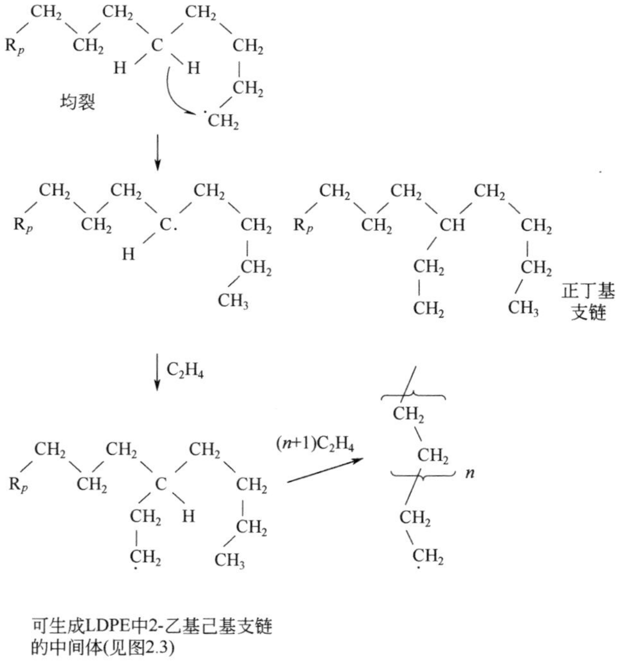

**图 2.2** 自由基攻击$\delta$ C—H 键引发短支链的回咬机理

$R_p$ 表示聚合物烷基基团

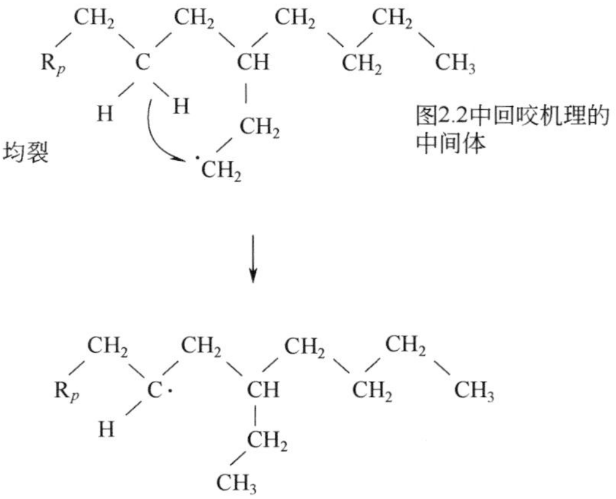

$$
\begin{array}{c}
R_p{-}CH_2{-}C(H)(H){-}CH_2{-}CH(CH_2{-}CH_2^{\cdot}){-}CH_2{-}CH_2{-}CH_2{-}CH_2{-}CH_3 \\
\downarrow \\
R_p{-}CH_2{-}C^{\cdot}(H){-}CH_2{-}CH(CH_2CH_3){-}CH_2{-}CH_2{-}CH_2{-}CH_2{-}CH_3
\end{array}
$$

均裂

图2.2中回咬机理的中间体

**图 2.3** LDPE 中 2-乙基己基支链的形成机理

与形成正丁基支链的回咬机理类似，C—H 键的均裂沿着链进行；$R_p$ 表示聚合物烷基基团

乙烯与极性单体共聚过程中的链增长可以根据链自由基端基和所添加单体的性质以多种方式进行，如式（2.1）～式（2.4）中乙酸乙烯酯的链增长所示：

自增长：

$$-CH_2CH_2^{\cdot}+CH_2{=}CH_2 \xrightarrow{k_{11}} -CH_2CH_2CH_2CH_2^{\cdot} \tag{2.1}$$

交叉增长：

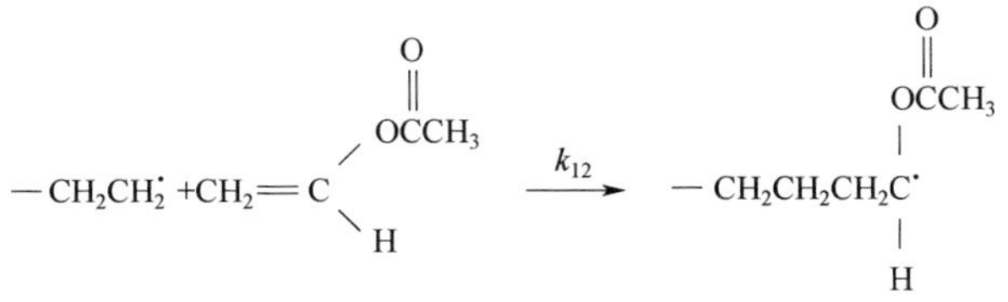

$$-CH_2CH_2^{\cdot}+CH_2{=}C(H)(OCCH_3\,(\overset{\|}{O})) \xrightarrow{k_{12}} -CH_2CH_2CH_2C^{\cdot}(H)(OCCH_3\,(\overset{\|}{O})) \tag{2.2}$$

交叉增长：

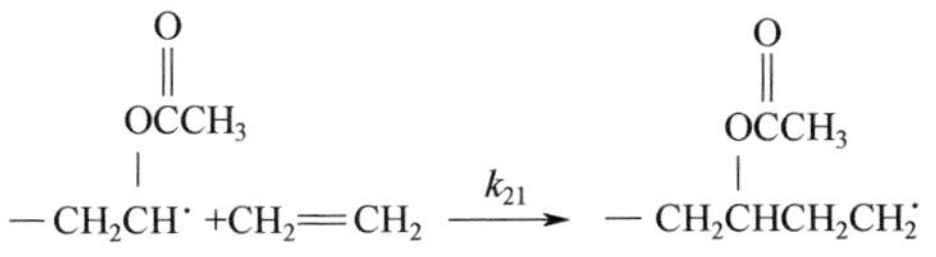

$$-CH_2CH^{\cdot}(OCCH_3\,(\overset{\|}{O}))+CH_2{=}CH_2 \xrightarrow{k_{21}} -CH_2CH(OCCH_3\,(\overset{\|}{O}))CH_2CH_2^{\cdot} \tag{2.3}$$

自增长：

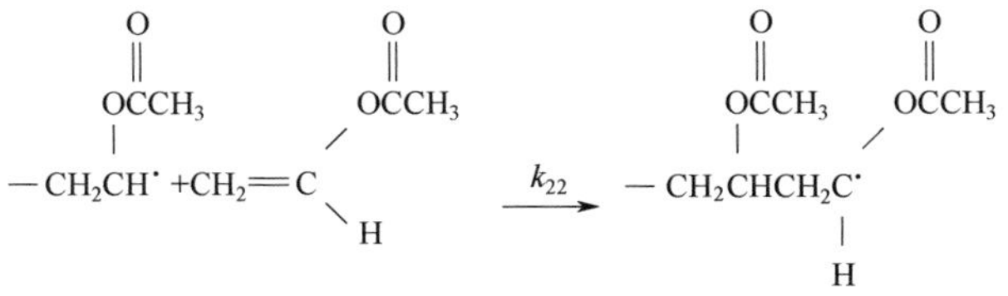

$$-CH_2CH^{\cdot}(OCCH_3\,(\overset{\|}{O}))+CH_2{=}C(H)(OCCH_3\,(\overset{\|}{O})) \xrightarrow{k_{22}} -CH_2CH(OCCH_3\,(\overset{\|}{O}))CH_2C^{\cdot}(H)(OCCH_3\,(\overset{\|}{O})) \tag{2.4}$$

将乙烯端基和乙烯单体的反应速率（$k_{11}$）与乙烯端基和乙酸乙烯酯的反应速率

（$k_{12}$）之比定义为竞聚率（$r_1$）：

$$r_1=k_{11}/k_{12} \quad (2.5)$$

同样地，乙酸乙烯酯端基和乙烯单体的反应速率（$k_{21}$）与乙酸乙烯酯端基和乙酸乙烯酯的反应速率（$k_{22}$）之比为另一竞聚率（$r_2$）：

$$r_2=k_{21}/k_{22} \quad (2.6)$$

竞聚率是单体自增长或交叉增长的趋势表征，决定了聚合物的组成分布。当$r_1>1$，乙烯倾向于自聚；当$r_1<1$，则有利于共聚。当$r_1$与$r_2$均约等于1时，单体的反应活性几乎相同，共聚单体的插入是高度随机的。这意味着共聚物的组成将密切反映乙烯和共聚单体在反应器中所占的比例。对于EVA，乙烯的竞聚率（$r_1=0.97$）与乙酸乙烯酯的竞聚率（$r_2=1.02$）非常接近，即VA在共聚物中均匀分布[10]。

对于制备具有明确共聚单体组成的聚合物来说，竞聚率在确定乙烯和共聚单体的反应器进料组成时非常重要。由于共聚单体的相对比例随着聚合过程的进行而变化，共聚单体进料需要随时间进行调整。Stevens 对共聚竞聚率的推导进行了详细的讨论[11]。

除了处理过氧化物存在潜在危险（见第2.3节）外，乙烯本身在自由基高压聚合工艺的极端条件下也会剧烈分解。任何工作在LDPE生产厂或生活在附近的人都熟悉偶尔发生的爆破片爆裂声，此爆炸来自所谓的“剧烈分解”。这是乙烯自发分解成碳、氢和甲烷的结果，如式（2.7）所示。

$$2CH_2 = CH_2 \longrightarrow 3C + CH_4 + 2H_2 \quad (2.7)$$

这个反应在≥300℃时发生，是高放热反应，并且释放可以使爆破片爆裂的压力脉冲。即使标准操作温度远低于300℃，聚合的局部放热（约24 kcal❶/mol）也会引发分解。幸运的是，乙烯的分解相对较少。然而，工程设计时也必须考虑乙烯的分解，仪表必须能够在微秒内检测到超压或放热。应对措施[12-14]包括：

① 反应体系快速减压。

② 将氮气和水注入爆破片破裂后排放的气体中。

## 2.3 有机过氧化物引发剂

如前文所述，高压乙烯聚合通常由有机过氧化物引发。过氧酸酯和二烷基过氧化物是两类最常用的引发剂。有机过氧化物引发剂通常是透明、无色的液体，易发

---

❶ 1kcal=4186.8J。

生均裂，从而产生自由基。为安全起见，一些引发剂仅以溶液形式供应，常用溶剂为无臭矿物精油，水和普通矿物油等其他溶剂也可以使用。这些溶剂也被有机过氧化物供应商称为减敏剂。用于乙烯自由基聚合的主要有机过氧化物的结构如图 2.4 所示。

有机过氧化物易剧烈分解，因此在处理这些产品时需格外重视安全。有机过氧化物的分解可以由多种因素引起，其中过热和接触金属杂质（催化分解）是最常见的两种因素。有机过氧化物供应商一般会给出自加速分解温度（SADT）。SADT 是发生自加速分解的最低温度。供应商建议有机过氧化物最高存储温度应该在 SADT 以下 15～20℃。

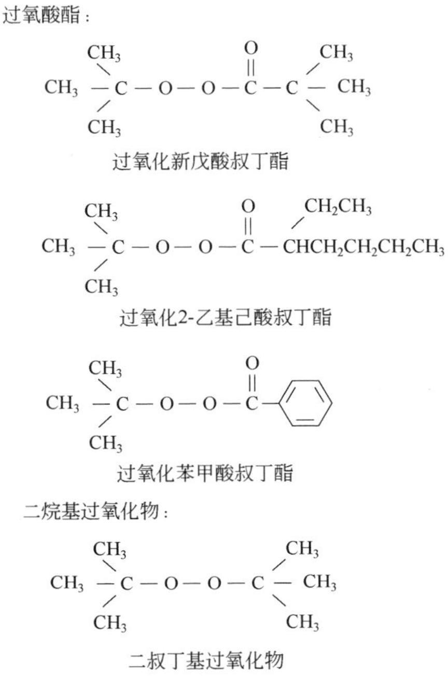

有机过氧化物分解为自由基的反应遵循一级动力学。半衰期（$t_{1/2}$）定义为在一定温度下有机过氧化物分解一半所需的时间。在选择乙烯自由基聚合温度时，半衰期是一个重要的参数。随着 $t_{1/2}$ 降低，有机过氧化物作为引发剂的活性增加。有机过氧化物的半衰期方程如式（2.8）所示，式中，$k_d$ 为有机过氧化物分解的反应速率。表 2.1 列出了用于引发乙烯自由基聚合的主要有机过氧化物的 SADT 以及 $t_{1/2}$=0.1 h 时的温度。

过氧酸酯：

过氧化新戊酸叔丁酯

过氧化2-乙基己酸叔丁酯

过氧化苯甲酸叔丁酯

二烷基过氧化物：

二叔丁基过氧化物

**图 2.4** 用于乙烯自由基聚合的主要有机过氧化物

$$t_{1/2}=\ln 2/k_d=0.693/k_d \quad (2.8)$$

**表 2.1** 用于引发乙烯自由基聚合的主要有机过氧化物

| 过氧化物 | 分子式① | SADT②/℃ | $t_{1/2}$=0.1 h②时的温度/℃ |
|---|---|---|---|
| 过氧化新戊酸叔丁酯 | $C_9H_{18}O_3$ | 20③ | 94 |
| 过氧化 2-乙基己酸叔丁酯 | $C_{12}H_{24}O_3$ | 35 | 113 |
| 过氧化苯甲酸叔丁酯 | $C_{11}H_{14}O_3$ | 60 | 142 |
| 二叔丁基过氧化物 | $C_8H_{18}O_2$ | 80 | 164 |

① 结构见图 2.4。

② SADT 和 $t_{1/2}$ 数据来自 Akzo Nobel Brochure Initiators for Polymer Production, 1999。

③ 75%无臭矿物精油溶液。

对采用乙烯自由基聚合生产 LDPE 及其共聚物的厂商，有机过氧化物可全球供应。有机过氧化物用冷藏集装箱进行运输，且必须在供应商建议的低温下保存。截至 2010 年，主要的工业有机过氧化物供应商有：

① Akzo Nobel（阿克苏诺贝尔公司）。

② Arkema Inc.（阿科玛公司，前身为 Atofina）。

③ Degussa Initiators（德固赛引发剂公司）。

④ GEO Specialty Chemicals（特种化学品公司）。

⑤ LyondellBasell Chemical Company（利安德巴塞尔化学公司）。

⑥ NORAC Inc.（诺拉克公司）。

# 参考文献


[1] Karol F J. History of Polyolefins. Dordrecht, Holland: D. Reidel Publishing Co., 1985: 199.

[2] Schuster C E. Handbook of Petrochemicals Production Processes. New York: McGraw- Hill, 2005: 14.55.

[3] Kaus M J. Petrochemical Seminar. Mexico City (moved from Cancun), 2005.

[4] Anon. Plastics Engineering. Brookfield CT: Society of Plastics Engineers, 2006: 39.

[5] Anon. Modern Plastics. Los Angeles: Canon Communications LLC, 2004: 8.

[6] Tullo A H. Chemical & Engineering News. 2003: 26.

[7] Schuster C E. Handbook of Petrochemicals Production Processes. New York: McGraw-Hill, 2005: 14.53.

[8] Peacock A. Handbook of Polyethylene. New York: Marcel Dekker, 2000: 46.

[9] Whitely K S. Ullman's Encyclopedia of Industrial Chemistry. Wiley- VCH Verlag Gmbh & Co., 2002.

[10] Stevens M P. Polymer Chemistry. 3rd ed. New York: Oxford University Press, 1999: 196.

[11] Stevens M P. Polymer Chemistry. 3rd ed. New York: Oxford University Press, 1999: 194.

[12] Finette A A, BERGE G. Handbook of Petrochemicals Production Processes. New York: McGraw-Hill, 2005: 14.108.

[13] Mirra M. Handbook of Petrochemicals Production Processes. New York: McGraw-Hill, 2005: 14.67.

[14] Schuster C E. Handbook of Petrochemicals Production Processes. New York: McGraw- Hill, 2005: 14.52.

# 第3章 Ziegler-Natta催化剂

## 3.1 Ziegler-Natta 催化剂简史

Ziegler-Natta 催化剂之所以得名，是为了表彰德国的 Karl Ziegler 和意大利的 Giulio Natta 在 20 世纪 50 年代的开创性工作。Ziegler 发现了能将乙烯催化聚合成线性高聚物的基础催化体系（详见下文）。然而，Ziegler 对丙烯的初步实验没有成功。Ziegler 决定专注于扩展乙烯聚合催化剂的知识，并推迟了对丙烯的进一步研究。Natta 当时是米兰理工学院工业化学研究所的教授和意大利 Montecatini 公司的顾问。Natta 被安排参与 Ziegler 和 Montecatini 公司之间的合作研究和授权协议。通过这次安排，他了解到 Ziegler 在乙烯聚合上的成功经验，并积极地进行丙烯聚合研究。1954 年初，Natta 成功制备出结晶聚丙烯并确定其晶体结构。1963 年，Ziegler 和 Natta 因在聚烯烃方面的研究成果共同获得了诺贝尔化学奖。

尽管 Ziegler 自 20 世纪 20 年代起就对烷基金属化学有着持久的兴趣，但直到 20 世纪 40 年代后期，他才发现了 aufbau（增长）反应。aufbau 反应中不存在过渡金属化合物，也不能产生高分子量聚乙烯。但是，它是至关重要的先驱发现，并最终使商业化的聚烯烃 Ziegler-Natta 催化剂得以开发。在 aufbau 反应中，三乙基铝（TEAL）多次插入与乙烯发生反应，生成具有偶数碳原子的长链烷基铝。在适当条件下，长链烷基铝发生 $\beta$-消除后生成 $\alpha$-烯烃，然后，由 $\beta$-消除反应产生的氢化铝部分能够插入乙烯，开始新的链增长。如果长链烷基铝先被空气氧化然后水解，就会形成 $\alpha$-醇。这些反应统称为 Ziegler 化学[1]，如图 3.1 所示。Ziegler 化学为当今 $\alpha$-烯烃（用作 LLDPE 和 VLDPE 的共聚单体）以及 $\alpha$-醇（洗涤剂和增塑剂的中间体）的生产奠定了基础。

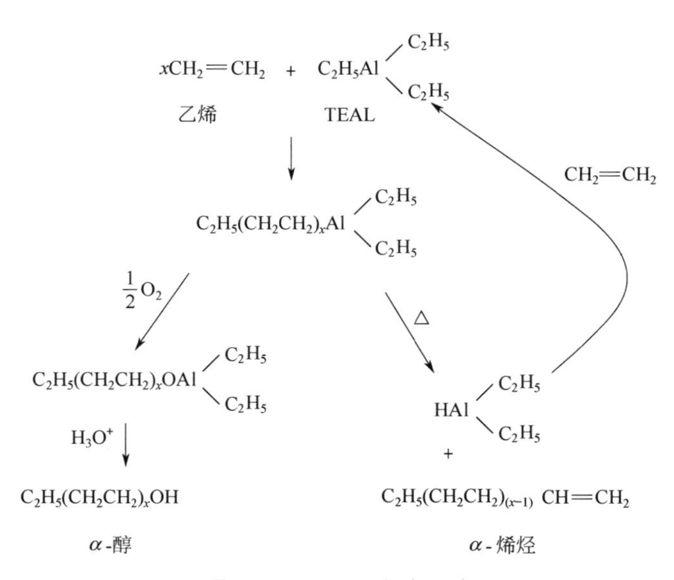


**图 3.1** Ziegler 化学反应

Ziegler 和他在 Max Planck 煤炭研究所的同事一直努力扩大 aufbau 反应的应用范围和效用。1953 年，他们在研究 aufbau 反应时，无意中发现了镍效应，该效应由于镍与三乙基铝可以催化乙烯二聚生成 1-丁烯而得名。实验中镍的来源有多种猜测，最终确认是不锈钢反应器表面上的痕量镍引发的反应。

后来，Ziegler 系统地研究了过渡金属化合物与烷基铝结合对乙烯的影响。年轻的研究生 Heinz Breil 被指派负责该项研究，尽管早期的实验不尽如人意，但 Breil 依旧坚持不懈，最终他将乙酰丙酮锆与三乙基铝混合，制备出白色粉末状的线性聚乙烯。随后，Heinz Martin 将四氯化钛与三乙基铝混合，获得了用于乙烯聚合的高活性催化剂（实际上，在最初的实验中，催化剂放热非常剧烈，以至于聚合物被烧焦了）。尽管过去的几十年，钛化合物和烷基铝的组合已经不断改进和优化，但值得注意的是，该组合仍然是 21 世纪初期大多数 Ziegler-Natta 催化剂的基本特征。

关于 Ziegler-Natta 催化剂的起源，McMillan[2]、Seymour[3,4]、Boor[5] 以及 Vandenberg 和 Repka[6]等都进行过权威的描述。

## 3.2 定义与命名

广义上，Ziegler-Natta 催化剂被定义为元素周期表 B 族的过渡金属化合物与第ⅠA、ⅡA 或ⅢA 族的有机金属化合物的组合，每种组分都不能单独作用将烯烃转化为高聚物（催化剂和助催化剂之间的相互作用将在第 3.7 节中介绍）。这些双组分催化剂体系不仅仅是络合物，其在有机金属化合物和过渡金属化合物之间有实质性反应发生。当然，不是所有组合都能用作聚合催化剂，但是专利申请的范围一般都很广，以最大限度地扩大覆盖范围。大多数商用的 Ziegler-Natta 催化剂是非均相固体，但有些（主要是衍生自钒化合物的催化剂）是均相的（可溶的）。聚合后，Ziegler-Natta 催化剂分散在整个聚合物中，无法分离。因此，Ziegler-Natta 催化剂不能循环使用。一般将过渡金属组分简称为催化剂，而有机金属部分简称为助催化剂或活化剂。大多数情况下使用的是钛化合物（通常为四氯化钛，$TiCl_4$）和烷基铝的组合，烷基铝及其在聚合中的作用将在第 4 章中讨论。

催化剂活性，也称为收率或产率，可以用多种方式表示，经常使用的单位是聚乙烯质量（g、kg 或 lb）/催化剂的质量（如 gPE/gCat）和聚乙烯质量/过渡金属质量每大气压乙烯每小时（以钛催化剂为例，写作 gPE/gTi-atm $C_2H_4$-h）。后一种表示方法经常在期刊文献中使用，前者通常在生产操作中使用，并且与催化剂的停留时间无关（根据工艺和催化剂的不同，商业反应器中催化剂的平均停留时间可以在几分之一秒到几小时不等，详见第 7 章）。

Ziegler-Natta 催化剂在命名上还有一些其他意见，自 20 世纪 50 年代被发现以来，Ziegler-Natta 催化剂曾有过各种不同的名称，例如配位催化剂、配位阴离子催化剂（最初由 Natta 提出）、Ziegler 催化剂（主要应用于聚乙烯）和 Natta 催化剂（主要应用于聚丙烯）。“Ziegler 化学”一词也用于基本不存在过渡金属化合物的情况下烷基铝与乙烯的反应（aufbau 反应[1]）。在本书中，“Ziegler-Natta 催化剂”一词的含义涵盖了乙烯聚合（和共聚合）反应使用的由过渡金属化合物与烷基金属结合而制得的催化剂，与 Boor 之前提出的基本原理一致（见参考文献[5]中第 34 页）。但是，本书认为单中心催化剂是独立于 Ziegler-Natta 催化剂的，其原因讨论如下。

一些研究催化剂的化学家认为，单中心（茂金属）催化剂是 Ziegler-Natta 催化剂的子集，因为它们是过渡金属化合物与ⅢA 族有机金属的组合。如前文所述，Ziegler-Natta 催化剂中只有少数是均相的，相比之下，单中心催化剂是均相的，所生产的聚乙烯的性能与用 Ziegler-Natta 催化剂生产的聚乙烯完全不同，二者催化烯烃聚合的机理也完全不同。因此，单中心催化剂将在第 6 章单独讨论。

## 3.3 Ziegler-Natta 催化剂的特性

Ziegler-Natta 催化剂不是纯化合物，大多数是非均相的无机固体，基本上不溶于烃类和其他常见的有机溶剂，因此其特性很难研究。还原态的 Ziegler-Natta 催化剂通常是深色（紫色、灰色、棕色）粉末状或颗粒状固体，暴露在空气中会冒烟或着火，并能与水发生剧烈反应。即使接触微量的氧气和水，Ziegler-Natta 催化剂也可能会失活（中毒），所以必须在惰性气氛（通常是氮气）下进行处理。因此，聚烯烃制造商通常在反应器内使各种组分接触，以制备出活化的 Ziegler-Natta 催化剂。有时，聚乙烯制造商自己生产催化剂，并从烷基金属的供应商那里购买助催化剂（见第 4.2.1 节）。催化剂和助催化剂通常在聚合反应器中结合，因为一旦两者结合，Ziegler-Natta 催化剂体系就难以稳定存储。催化剂配方是高度专有的，通常很难从专利文献中判断出其实际的制备方法，这些专利被 McMillan 称为“专利谜境”[7]。

非均相聚乙烯催化剂的一个重要特征是颗粒复制现象。催化剂的粒径分布（psd）和形貌被聚合物颗粒复制。如果催化剂较细碎，则聚合物也将是细粉，并可能引起工艺处理问题。如果催化剂包含超大颗粒的聚集体，则聚合物也是如此。颗粒复制现象如图 3.2 所示。图 3.3 显示了催化剂的粒径分布是如何反映在聚合物中的，在该图中，平均直径约为 40 μm 的催化剂制得的聚合物颗粒粒径约为 500 μm。

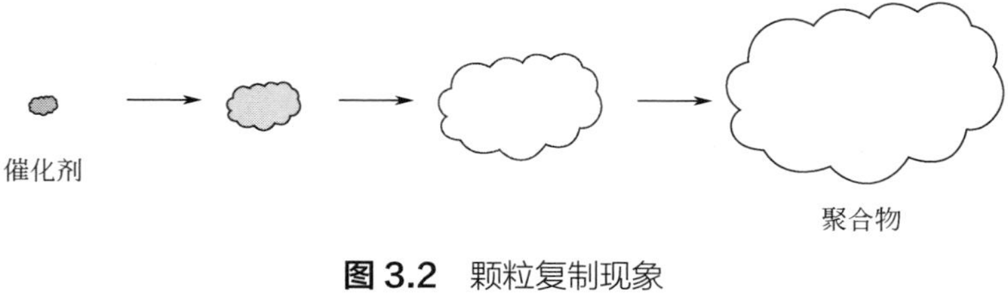


**图 3.2** 颗粒复制现象

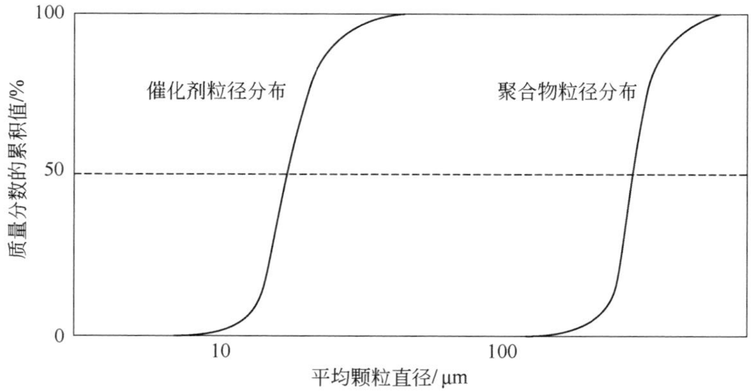

**图 3.3** 聚合物的粒径分布与催化剂的粒径分布图

与自由基聚合相比，Ziegler-Natta 催化剂可以在非常温和的条件下催化乙烯聚合。例如，自由基聚合通常在温度>200℃、压力>140 MPa 的条件下进行。而 Ziegler 团队研究表明，Ziegler-Natta 催化剂能够在常压和环境温度下催化乙烯聚合。另一个主要的区别在于所得聚乙烯的微观结构，Ziegler-Natta 催化剂生产的是线性聚乙烯，而高压工艺生产的是高度支化的聚乙烯，如图 1.3 所示。

## 3.4 早期商用 Ziegler-Natta 催化剂

四氯化钛是早期 Ziegler-Natta 催化剂的必备原料。$TiCl_4$ 是一种透明、无色、吸湿性液体，暴露于空气中会发烟。$TiCl_4$ 曾（现在仍）作为前驱体用于大规模生产用作涂料颜料的二氧化钛。因此，$TiCl_4$ 容易获得且相对便宜。此外，Ziegler 及其同事已证明 $TiCl_4$ 可以生产某些最具活性的聚乙烯催化剂。尽管有时将 $TiCl_4$ 称为催化剂，但将 $TiCl_4$ 称为预催化剂更为准确，因为 $TiCl_4$ 必须还原后与助催化剂结合才会具备活性。

早期（1960～1965 年）的商用 Ziegler-Natta 催化剂是使用金属铝、氢或烷基铝还原 $TiCl_4$ 制备的。简化的整体方程式如下：

$$TiCl_4 + \frac{1}{3}Al \longrightarrow TiCl_3 \cdot \frac{1}{3}AlCl_3\ [\text{也可写作}(TiCl_3)_3 \cdot AlCl_3] \tag{3.1}$$

$$2TiCl_4 + H_2 \longrightarrow 2TiCl_3 + 2HCl \tag{3.2}$$

$$2TiCl_4 + 2(C_2H_5)_3Al_2Cl_3 \longrightarrow 2TiCl_3\downarrow + 4C_2H_5AlCl_2 + C_2H_4 + C_2H_6 \tag{3.3}$$

在上述三种情况下，主要产物都是三氯化钛，它是烯烃聚合的活性催化剂，最佳的助催化剂是二乙基氯化铝（DEAC）。由式（3.1）制备的 $TiCl_3$ 包含共结晶的氯化铝，由式（3.3）制备的 $TiCl_3$ 可能含有少量的络合烷基铝。式（3.1）和式（3.2）中的产品由 Stauffer Chemical 和 Dart 等公司进行商业化生产（现均已停产）。式（3.3）的催化剂通常是由聚烯烃生产商在惰性烃（如己烷）中原位生产的。

这些老催化剂的活性很差（500～1000 gPE/gCat）。早期的聚乙烯生产商需要对聚合物进行后处理，以去除可能导致聚合物变色和下游加工设备腐蚀的酸性氯化物及过渡金属残留物。20 世纪 60 年代中期，引入了球磨催化剂，增加了催化剂表面积并提高了活性。现在，式（3.1）～式（3.3）中的催化剂已经过时，而 $TiCl_3 \cdot \frac{1}{3}AlCl_3$ [从式（3.1）得来] 仍有商品供应，但其使用量已大大减少。

$TiCl_3$ 是一种深色固体，有几种晶体形式存在，分别表示为 α、β、γ 和 δ。α、γ 和 δ 晶型具有层状晶体结构，为紫色；β 晶型呈线性结构，为棕色。

## 3.5 负载型 Ziegler-Natta 催化剂

在非负载型催化剂中，大多数（>95%）活性中心被包裹在不断增长的聚合物颗粒中而无法再催化其他聚合物的生成，导致催化剂活性较低。20 世纪 70 年代初，负载型 Ziegler-Natta 催化剂出现，催化剂活性得到很大提升。当时聚乙烯生产商（Shell、Solvay & Cie、Hoechst、Mitsui 和 Montecatini Edison 等）开发了许多此类催化剂[8]。当然，多数公司已经演变为如今的大公司，如 LyondellBasell 和 INEOS。

负载型催化剂使催化剂活性中心分散得以轻松实现，催化剂活性大大提高（>5000 gPE/gCat）。TEAL 是负载型 Ziegler-Natta 催化剂的最佳助催化剂。用现代负载型催化剂生产的聚乙烯中，过渡金属残留量非常低（通常<5 mg/kg），因此取消了用于聚合物后处理的反应器。

负载使催化剂的粒径分布和形态能够得以控制，如图 3.2 和图 3.3 所示，催化剂的粒径分布和形态会反映在聚合物中。例如，在 Unipol 气相法中，约 4 h 的停留时间内，平均直径 40～60 μm 的球形催化剂颗粒将生长为平均直径 500～1000 μm 的球形聚合物颗粒[9]。能够适当控制催化剂的粒径分布是人们所期望的，因为它会转化为较窄的聚合物粒径分布，从而使大（和小）颗粒最少化。因为工业上聚合物的转移主要是通过气流输送来完成的，所以大颗粒会导致流动问题，例如输送管线堵塞；细颗粒物可能导致过滤器堵塞，并增加粉尘爆炸的可能性。形态控制可以提高最终树脂产品的堆积密度，并改善气相过程中的流化动力学。

许多无机化合物都曾被尝试用作载体，但镁盐和二氧化硅是最有用的载体。尽管许多镁化合物，例如 MgO、$Mg(OH)_2$、HOMgCl、ClMgOR 和 $Mg(OR)_2$ 都被用作载体，但无水 $MgCl_2$ 在商用 Ziegler-Natta 催化剂中使用最广泛。镁化合物载体催化剂中，活性中心化学吸附在镁化合物的表面上。Chien 认为 $MgCl_2$ 为钛活性中心的理想载体，并总结了 $MgCl_2$ 适合用作载体的几种原因[10]，例如 $MgCl_2$ 和 $TiCl_3$ 晶体结构具有相似性。在世界范围内，$MgCl_2$ 负载的 Ziegler-Natta 催化剂已成为催化烯烃聚合的最重要催化剂。

二氧化硅有时称为载体，因为催化剂可以简单地沉积在其上（负载型铬催化剂并非如此，它的催化剂与载体是牢固结合的，见第 5 章）。即使是催化剂的简单沉积，二氧化硅的粒径分布和形貌也决定着聚合物颗粒的粒径分布和形状。

## 3.6 预聚合的 Ziegler-Natta 催化剂

在淤浆聚合和气相聚合工艺的实际操作中，经常使用特定粒径分布的催化剂进行预聚合。在一个独立的小型反应器中，将催化剂悬浮在合适的溶剂（通常为

$C_3$～$C_7$烷烃）中，在非常温和的条件下，使其暴露于助催化剂、乙烯、任选的共聚单体和氢气中[11]，直至原始催化剂占组合物总质量的5%～30%时结束预聚合。预聚合的催化剂储存稳定性有限，通常在预聚后立即加入大型反应器中。预聚合具有以下优点：

① 使催化剂颗粒更“坚固”（即不易破碎），保持催化剂形态（催化剂破碎后会导致不必要的细粉）。

② 隔离催化剂颗粒，从而降低聚合初期对热的敏感性。

③ 提高树脂的堆积密度。

## 3.7 Ziegler-Natta催化剂聚合机理

尽管自Ziegler-Natta催化剂的基础发现已经过去了半个多世纪，但其聚合机理仍未被完全了解。像所有链增长聚合[12]一样，Ziegler-Natta催化聚合的基本步骤是链引发、链增长和链终止（链转移）。

Cossee和Arlman[13,14]率先提出了Ziegler-Natta催化的综合机理，并通过分子轨道计算来支持他们的假设。Cossee-Arlman的假设涉及“迁移性烷基转移”[15]，经过一些改进后，成为最广泛引用的Ziegler-Natta催化机理，总结如下（详见参考文献[5]、[12]、[16]和[17]）。

还原态的钛是八面体结构，在微晶边缘上包含开放的配位点（□）和氯化物配体。引发反应从形成活性中心开始，该中心被认为是烷基钛。助催化剂TEAL引发的烷基化反应产生一个活性中心：

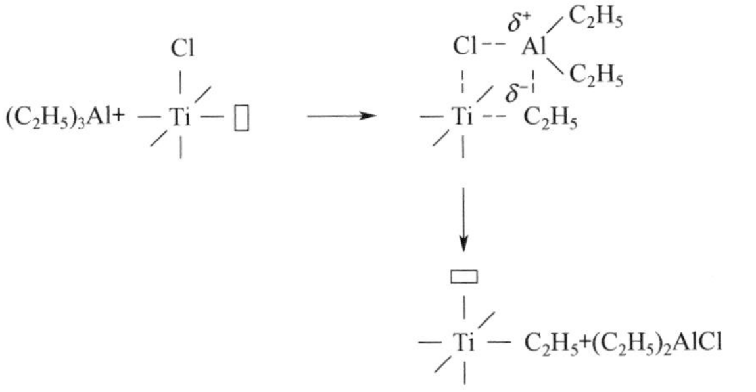

$$(C_2H_5)_3Al + Cl\text{—}Ti\text{—}\square \longrightarrow Cl\cdots Al^{\delta+}(C_2H_5)_2,\ Ti\cdots C_2H_5^{\delta-} \longrightarrow \square\text{—}Ti\text{—}C_2H_5 + (C_2H_5)_2AlCl \qquad (3.4)$$

烷基迁移（重排）使得开放的配位点移动到微晶边缘位置，发生乙烯单体的配位反应，生成式（3.5）中的π-络合物，随后乙烯加成生成正在链增长的活性种：

$$-\mathrm{Ti}-C_2H_5 \longrightarrow -\mathrm{Ti}-\square + CH_2{=}CH_2 \longrightarrow -\mathrm{Ti}\leftarrow\text{-}\| \quad (\pi\text{-络合物}) \longrightarrow \text{过渡态} \longrightarrow -\mathrm{Ti}-CH_2CH_2C_2H_5 \xrightarrow{nCH_2{=}CH_2} -\mathrm{Ti}-R_p \tag{3.5}$$

π-络合物

过渡态

$R = \text{⫞}CH_2CH_2\text{⫟}_{n+1}C_2H_5$，聚合物链

众所周知，Ti—C 的 $\sigma$ 键不稳定，因此提出了另一种机理，其中包括烷基铝与烷基钛的配位，烷基钛因与烷基铝缔合而稳定。烷基铝的缔合与配位反应并不冲突[18]，这就是所谓的“双金属机理”，其基本特征最初是由 Natta 和其他工作者在 20 世纪 60 年代初提出的[19]，基本步骤类似于 Cossee-Arlman 机理，主要区别在于烷基铝的参与。但是，该机理仍然认为聚合是通过将 $C_2H_4$ 插入 Ti—C 键（而不是 Al—C 键）而实现的。关键步骤如式（3.6）所示：

$$\mathrm{Ti}(\square)(\mu\text{-}R)(\mu\text{-}Cl)\mathrm{Al} \xrightarrow{CH_2{=}CH_2} \mathrm{Ti}(\leftarrow CH_2{=}CH_2)(\mu\text{-}R)(\mu\text{-}Cl)\mathrm{Al} \longrightarrow \mathrm{Ti}\text{--}CH_2\text{--}CH_2\text{--}R\text{--}\mathrm{Al}\text{--}Cl \longrightarrow \mathrm{Ti}(\square)(\mu\text{-}CH_2CH_2R)(\mu\text{-}Cl)\mathrm{Al} \xrightarrow{CH_2{=}CH_2} \cdots \tag{3.6}$$

终止反应主要通过向氢气的链转移而发生，如式（3.7）中 $R_p$—Ti 键的氢解。氢化钛可以与乙烯加成，产生另一个聚合活性中心。

$$-\mathrm{Ti}-R_p + H_2 \longrightarrow -\mathrm{Ti}-H + R_pH \xrightarrow{CH_2{=}CH_2} -\mathrm{Ti}-CH_2CH_3 \xrightarrow{CH_2{=}CH_2} -\mathrm{Ti}-R_p \tag{3.7}$$

链终止反应也可以通过将氢转移至钛［式（3.8）］的 $\beta$-消除、将氢转移至单体［式（3.9）］的 $\beta$-消除以及将链转移至烷基铝［式（3.10）］来进行。

$$\mathrm{CH_2{-}CHR_p} \;(\text{H}) \;\; {-}\mathrm{Ti}{-}\square \longrightarrow {-}\mathrm{Ti}{-}\mathrm{H} + \mathrm{CH_2{=}CHR_p} \tag{3.8}$$

$$\mathrm{CH_2{-}CHR_p} \;(\text{H}) \;\; {-}\mathrm{Ti}{-}\| \longrightarrow {-}\mathrm{Ti}{-}\mathrm{CH_2CH_3} + \mathrm{CH_2{=}CHR_p} \tag{3.9}$$

$$\mathrm{(C_2H_5)_3Al} + {-}\mathrm{Ti}{-}\mathrm{R}_p \longrightarrow \underset{\mathrm{C_2H_5}\,\text{--}\,\mathrm{Al(C_2H_5)_2}}{{-}\mathrm{Ti}\text{----}\mathrm{R}_p} \longrightarrow \overset{\mathrm{C_2H_5}}{{-}\mathrm{Ti}{-}\square} + \mathrm{(C_2H_5)_2AlR}_p \tag{3.10}$$

当树脂暴露于空气中时，由式（3.10）生成的含有聚合物链（$R_p$）的烷基铝产品将发生水解或氧化/水解，类似于图 3.1 所示的化学反应。这种化学反应会分别产生具有甲基和—$CH_2OH$ 端基的聚合物分子。但是，此类聚合物分子的浓度很低，因为绝大多数链终止反应都按照式（3.7）～式（3.9）发生。

在式（3.7）～式（3.10）所示的链转移/链终止反应中，含有过渡金属的组分仍然是活性催化剂，因此，每个活性中心可产生数百或数千个聚合物链。

使用 Ziegler-Natta 催化剂催化丙烯聚合的机理与本节中讨论的乙烯聚合机理相似。然而，与乙烯不同，丙烯分子具有“头部”和“尾部”的区别，区域选择性可以不同。更重要的是，聚合物中甲基的取向（立体化学）对聚合物的性质具有显著影响。这些因素使丙烯（和其他 $\alpha$-烯烃）的聚合更加复杂[17]。

Ziegler-Natta 催化剂是生产聚乙烯以及其他聚 $\alpha$-烯烃的最重要的过渡金属催化剂。实际上，在当今社会，如果没有 Ziegler-Natta 催化剂，就无法生产出全球市场所需的大量立构规整的聚丙烯。随着单中心催化剂技术的不断发展，这种情况可能会改变，但是 Ziegler-Natta 催化剂对于 21 世纪的聚烯烃生产仍然至关重要。

# 参考文献


[1] Zietz J R Jr, Robinson G C, Lindsay K L. Comprehensive Organometallic Chemistry, 1982, 7: 368.

[2] Mcmillan F M. The Chain Straighteners. London: MacMillan Press, 1979.

[3] Seymour R B, Cheng T. History of Polyolefins. Dordrecht, Holland: D. Reidel Publishing Co., 1986.

[4] Seymour R B, Cheng T. Advances in Polyolefins. New York: Plenum Press, 1987.

[5] Boor J Jr. Ziegler-Natta Catalysts and Polymerizations. Academic Press, Inc., 1979.

[6] Vandenberg E J, Repka B C. High Polymers. John Wiley & Sons, 1977, 29: 337.

[7] Seymour R B, Cheng T. History of Polyolefins. Dordrecht, Holland: D. Reidel Publishing Co., 1986: XI.

[8] Karol F J. Encyclopedia of Polymer Science and Technology, 1976, Supp 1: 120.

[9] Karol F J. Macromol. Symp., 1995,89: 563.

[10] Chien J C W. Advances in Polyolefins. New York: Plenum Press, 1987: 256.

[11] Korvenoja T, Andtsjo H, Nyfors K, et al. Handbook of Petrochemicals Production Processes. McGraw-Hill, 2005: 14.18.

[12] Stevens M P. Polymer Chemistry. 3rd ed. New York: Oxford University Press, 1999: 11.

[13] Cossee P. J. Catal., 1964, 3: 80.

[14] Arlman E J, Cossee P. J. Catal., 1964, 3: 99.

[15] Cotton F A, Wilkinson G, Murillo C A, et al. Advanced Inorganic Chemistry. 6th ed. New York: John Wiley & Sons, 1999: 1270.

[16] Collman J P, Hegebus L S, Norton J R, et al. Principles and Applications of Organotransition Metal Chemistry. Sausalito, Canada: University Science Books, 1987: 100.

[17] Krentsel B A, Kissin Y V, Kleiner V J, et al. Polymers and Copolymers of Higher $\alpha$-Olefins. Cincinnati, OH: Hanser/Gardner Publications, Inc., 1997: 6; Kissin Y V. Alkene Polymerizations with Transition Metal Catalysts. The Netherlands: Elsevier, 2008; Cecchin G, Morini G, Piemontesi F. Kirk-Othmer Encyclopedia of Chemical Technology. New York: Wiley Interscience, 2007, 26: 502.

[18] Mole T, Jeffery E A. Organoaluminium Compounds. Amsterdam: Elsevier Publishing Co., 1972: 95.

[19] Boor J Jr. Ziegler-Natta Catalysts and Polymerizations. Academic Press, Inc., 1979: 334.

# 第4章 聚乙烯催化体系中的烷基金属

## 4.1 概述

烷基金属是指至少含一个碳-金属 $\sigma$ 键的有机金属化合物，在第 3 章中提到，烷基金属对 Ziegler-Natta 催化剂的性能至关重要，并与 Ziegler-Natta 催化聚合的机理密切相关。大多数烷基金属通常与工业聚乙烯催化剂一起使用，在暴露于空气时会自燃，并与水发生爆炸性反应。烷基金属也用于特定铬催化剂以及几乎所有单中心催化剂（请参阅第 5 和第 6 章）。对于聚乙烯工业，最典型的烷基金属是烷基铝和烷基镁。现代 Ziegler-Natta 催化剂主要用烷基铝作为助催化剂，而烷基镁则专门用作生产负载型催化剂的原料。本章将论述工业聚乙烯工艺中主要使用的烷基金属，并简要综述该类高反应性化学品的安全性和处理方式。

尽管烷基铝和烷基镁非常重要，烷基锂、烷基硼和烷基锌也可用于生产特种聚乙烯。虽然烷基金属的生产、性质和应用不在本书深入讨论的范围之内，但本书将简要探讨烷基金属生产的关键工业方法。更多信息可以从大量综述中获取[1-8]。茂金属属于 $\pi$ 键有机金属化合物，将在第 6 章单中心催化剂部分进行讨论。

## 4.2 Ziegler-Natta 催化剂中的烷基铝

1959 年，使用 Karl Ziegler 最初授权的技术，烷基铝实现了商业化生产。烷基铝遇水会发生典型的自燃和爆炸反应[3,9,10]。虽然每年生产数以千吨的烷基铝，并且几十年来一直供给世界各地的聚烯烃工业，因为人们非常关注其危险性，所以很少发生安全事故（具体请参阅第 4.7 节）。

1959 年 11 月，Texas Alkyls 公司（当时是 Hercules 和 Stauffer Chemicals 的合资企业）通过 Ziegler 化学方法首次实现烷基铝大规模生产。20 世纪 50 年代初期，Karl Ziegler 革命性地开发了直接法，之后不久他的实验室发现了令人兴奋的烯烃聚合。Ziegler 的直接法采用金属铝、烯烃和氢反应直接制备三乙基铝化合物（这是对直接过程的过度简化。更多相关详细信息，请参见参考文献[1]、[3]、[10]和[11]）。该方法的关键反应如式（4.1）和式（4.2）所示。

加氢：
$$2(C_2H_5)_3Al + Al + \frac{3}{2}H_2 \longrightarrow 3(C_2H_5)_2AlH \tag{4.1}$$

加成：
$$3C_2H_4 + 3(C_2H_5)_2AlH \longrightarrow 3(C_2H_5)_3Al \tag{4.2}$$

根据式（4.1）和式（4.2）得到直接法的总反应式，如式（4.3）所示。

总反应：
$$3C_2H_4 + Al + \frac{3}{2}H_2 \longrightarrow (C_2H_5)_3Al \tag{4.3}$$

但是，在没有预制备三乙基铝的情况下，式（4.3）所示的反应无法发生。

通过交换法也能工业化制备三乙基铝，用三异丁基铝与乙烯反应，反应式如式（4.4）所示：

$$(i\text{-}C_4H_9)_3Al + 3C_2H_4 \longrightarrow (C_2H_5)_3Al + 3i\text{-}C_4H_8\uparrow \tag{4.4}$$

直接法和交换法两种工艺都可以实现连续化生产，但是，直接法更经济环保。三乙基铝生产已不再采用交换法，但交换法仍用于生产特种产品，如异戊烯基铝（由三异丁基铝与异戊二烯反应制备[3]）。

Ziegler 的直接法远远超过了合成三乙基铝的其他更老的方法。由于几乎所有原料都进入产物，极少浪费，该法具有优异的产率[3]。1992 年，Texas Alkyls 公司被 Akzo Chemicals（现为 Akzo Nobel）公司收购。

截至 2010 年，烷基铝的主要供应商有：

① Akzo Nobel（前身为 Texas Alkyls 公司）；

② Albemarle（前身为 Ethyl 公司）；

③ Chemtura（前身为 Crompton, Witco and Schering）。

这些供应商为全球提供烷基铝。Akzo Nobel 和 Albemarle 公司的主要烷基铝生产设备在美国。Chemtura 公司的主要工厂位于德国。一些地区供应商，例如日本的 Tosoh Finechem Corporation，也生产烷基铝，但其产能较低且产品范围较窄。

烷基金属的主要供应商在世界各地都有合资企业和卫星工厂。一些合资企业和卫星工厂具有制造能力（但只有少数主要产品），其他公司仅具有重新包装和溶剂混合设备，以便将生产厂批量进口的产品提供给区域客户。

Albemarle 与 SABIC 宣布成立合资企业，该合资企业名为 Saudi Organometallic Chemicals，三乙基铝年产能约 6000 吨[12]，其他产品的产能未公开。

目前市场供应了 20 多种烷基铝产品。2010 年左右，大多数大批量产品的价格在每磅 5 至 10 美元之间，这里不包括三甲基铝（生产需要昂贵的多道工序[13]）和二乙基碘化铝（原料碘价格昂贵）。三乙基铝（TEAL）是最重要的烷基铝，每年在全球的销售量达数百万磅，大量三乙基铝用于生产聚丙烯。烷基氯化铝，例如二乙基氯化铝（DEAC）和倍半乙基氯化铝（EASC），比三乙基铝便宜。但是，DEAC 和 EASC 与某些现代负载型催化剂（特别是聚丙烯催化剂）配合性能不佳，自 20 世纪 80 年代以后其重要性有所下降。

三异丁基铝（TIBAL）是一种商业化三烷基铝，在多数 Ziegler-Natta 催化剂中其性能与三乙基铝相当，并且成本低于三乙基铝。那么，为什么 TIBAL 不是在售烷基铝中的第一名？这是由于，当其他因素相当时，聚烯烃制造商会根据含铝量进行采购。由于 1 mol 三乙基铝中铝含量超过 70%，而基于铝含量计算，TIBAL 的成本实际上要比三乙基铝高得多，这便解释了三乙基铝的优势所在。表 4.1 说明了假定三乙基铝和三异丁基铝价格相同时所含铝的成本差异。

**表 4.1** 选定三烷基铝化合物（$R_3Al$）的成本对比

| 产品 | 定价①/（美元/lb） | 含铝的质量分数/% | 铝含量成本/（美元/lb） | 相对于 TEAL 的铝含量成本/% |
|---|---|---|---|---|
| 三甲基铝② | 100 | 36.8 | 271.74 | 628 |
| 三乙基铝 | 10 | 23.1 | 43.29 | 100 |
| 三异丁基铝 | 10 | 13.6 | 73.53 | 170 |
| 三正己基铝 | 10 | 9.8 | 102.04 | 236 |

① 仅为举例，并不是实际的商业价格，联系主要供应商可获得目前批发价格。

② 三甲基铝不同于其余 $R_3Al$ 的制备工艺，因此价格更贵，详见文献[13]。

上述情况表明，选择助催化剂通常以成本为依据。有时替换助催化剂不是成本因素，而是替换后的助催化剂能够增强聚合物性能或改进加工性能。例如，在气相法中以三甲基铝（TMAL）代替 TEAL 作助催化剂，生产的低密度聚乙烯具有低己烷可萃取物和优异的薄膜撕裂强度[14]。以异戊烯基铝为助催化剂可生产宽分子量分布聚乙烯和超高分子量聚乙烯[15-17]。

如以下各小节所述，烷基铝在 Ziegler-Natta 催化剂体系中有多种作用。

### 4.2.1 过渡金属还原剂

过渡金属还原剂功能可以通过现已淘汰的早期商业聚丙烯工艺中所采用的催化剂来有效地说明。催化剂体系用倍半乙基氯化铝（EASC）在已烷中预还原 $TiCl_4$［式（4.5）］。EASC 减少了氧化态钛，而 $TiCl_3$ 以 β 晶型（棕色）形式沉淀。可以认为，还原是将不稳定的烷基化的 $Ti^{4+}$物质分解为 $Ti^{3+}$物质［式（4.6）］，还可以形成低价氧化态（$Ti^{2+}$）。这些都是快速放热反应。

$$TiCl_4 + (C_2H_5)_3Al_2Cl_3 \longrightarrow Cl_3TiC_2H_5 + 2C_2H_5AlCl_2 \tag{4.5}$$

$$Cl_3TiC_2H_5 \longrightarrow TiCl_3 \downarrow + \frac{1}{2}C_2H_4 + \frac{1}{2}C_2H_6 \tag{4.6}$$

副产物二氯化乙基铝（EADC）溶于已烷，但助催化性能较差。在加入单体前，必须先除去 EADC（或将其转化为更有效的助催化剂）。例如，通过与三乙基铝的再分配反应，可以很容易地将二氯化乙基铝转化成二乙基氯化铝［如式（4.7）所示］（参考文献[3]和其中的引用文献论述了烷基铝的再分配反应）。

$$C_2H_5AlCl_2 + (C_2H_5)_3Al \longrightarrow 2(C_2H_5)_2AlCl \tag{4.7}$$

在工业上仍将烷基铝用于过渡金属化合物的预还原，但是更多的是将其用于助催化剂，如下一节所描述。

### 4.2.2 产生活性中心的烷基化剂

在聚乙烯生产中，烷基铝起到助催化剂的作用，有时也称之为活化剂。烷基钛被认为是聚合的活性中心，它是通过将烷基从铝转移到钛而生成的，称为烷基化。在用 Ziegler-Natta 催化剂生产商业聚乙烯时，助催化剂与过渡金属的摩尔比（Al/Ti）通常约为 30（生产聚丙烯时该比值更低）。如今，出售给聚乙烯工业的烷基铝绝大多数是用作助催化剂。TEAL 是最广泛使用的助催化剂，其烷基化过程如式（4.8）所示：

$$(C_2H_5)_3Al + \text{—Ti(□)—Cl} \longrightarrow \text{—Ti}(C_2H_5\text{--}Al(C_2H_5)_2)\text{----Cl} \longrightarrow \text{—Ti}(C_2H_5)\text{—□} + (C_2H_5)_2AlCl \tag{4.8}$$

烷基钛活性中心可以结合（或被稳定化）1 个烷基铝［见第 3 章式（3.6）］。

### 4.2.3 催化剂毒物清除

在商业聚乙烯生产中，有毒物质可能作为乙烯、共聚单体、氢气、氮气（用作惰性气体）、溶剂和其他原材料中的微量（mg/kg）杂质进入工艺。这些毒物降低了催化剂活性。其中，氧气和水最具破坏性。另外，$CO_2$、CO、醇、炔烃、二烯、含硫化合物以及其他质子和极性杂质也会降低催化剂的性能。除 CO 外，烷基铝与杂质反应将其转化为对催化剂性能危害较小的烷基铝衍生物。式（4.9）～式（4.11）提供了杂质与三乙基铝的反应：

$$(C_2H_5)_3Al+\frac{1}{2}O_2 \longrightarrow (C_2H_5)_2AlOC_2H_5 \tag{4.9}$$

$$2(C_2H_5)_3Al+H_2O \longrightarrow (C_2H_5)_2Al—O—Al(C_2H_5)_2+2C_2H_6\uparrow \tag{4.10}$$

$$(C_2H_5)_3Al+CO_2 \longrightarrow (C_2H_5)_2AlO\overset{\overset{\displaystyle O}{\|}}{C}C_2H_5 \tag{4.11}$$

式（4.9）～式（4.11）的产物可能会经过其他反应形成其他烷基铝化合物。由于 CO 不与烷基铝反应，因此必须在固定床中将 CO 转化为 $CO_2$ 以除去。

如第 4.2.2 节所述，聚乙烯工业中，Ziegler-Natta 催化剂体系在聚合反应器中通常使用高的 Al 与过渡金属的摩尔比，常见比值约 30。因此，大量过量烷基铝用以达到清除毒物的作用。

### 4.2.4 链转移剂

Ziegler-Natta 聚乙烯催化剂的链转移在很大程度上通过氢气完成，如前所述［见第 3 章中式（3.7）］。但是，在 Al/Ti 的比值非常高时，通过向铝链转移会使聚合物的分子量稍微降低。这是发生了钛和铝之间的配体交换，如第 3 章的式（3.10）中所述。

## 4.3 Ziegler-Natta 催化剂中的烷基镁

在 20 世纪 60 年代后期，人们发现无机镁化合物，尤其是 $MgCl_2$（参见第 3.5 节）是 Ziegler-Natta 聚烯烃催化剂的优良载体。毫无疑问，这一发现使聚烯烃化学家们开始探索烷基镁在催化剂合成中的应用。最众所周知的烷基镁是烷基卤化镁。这些试剂由 Victor Grignard 于 1905 年发现，被称为格氏试剂，记为“RMgX”，其中 R 通常是简单的烷基，X 通常是氯化物配体。相对于有机合成中普遍使用的格氏试剂，与其密切相关的二烷基镁化合物（$R_2Mg$）很少受到关注，主要是因为格氏试剂易于形成新的 C—C 键。

尽管格氏试剂的发现已超过一个世纪，但它们仍然是现代化学家的主要合成工具。甚至，Morrison 和 Boyd 在其经典著作中将格氏试剂描述为“有机化学家已知的最有价值和最通用的试剂之一”[18]。但是，在 20 世纪 70 年代，对于许多用烷基镁制备的聚乙烯催化剂，格氏试剂并不是首选材料，这主要是由于在其制备中使用的路易斯碱性溶剂（通常为乙醚或四氢呋喃）会使催化剂失活。开发催化剂的化学家需要可溶于碳氢化合物的烷基镁。可惜的是，当时很少有可行的选择，因为碳氢化合物对 20 世纪 70 年代已知的大多数格氏试剂和 $R_2Mg$ 的溶解度都很差。

化学家们利用多种方法[3]发现了可溶于碳氢化合物的 $R_2Mg$，包括所谓的非对称性二烷基镁化合物（RMgR'，其中 R 和 R'为 $C_2$ 至 $n$-$C_8$ 烷基基团）。实际上，RMgR'是当今用于制造聚乙烯的最重要的市售二烷基镁，其中包括：

① 正丁基乙基镁（BEM）；

② 正丁基正辛基镁（BOM 或 BOMAG®）；

③ “二丁基镁”（DBM）。

DBM 同时包含正丁基和仲丁基（二者比值约为 1.5），可以认为是二正丁基镁（DNBM）和二仲丁基镁的“混合物”（请参阅第 4.4 节）。同理，BEM 和 BOM 可被视为 DNBM 分别与二乙基镁和二正辛基镁的“混合物”。然而，因为发生动态烷基配体交换，所以这些组成不是真正意义的混合物。纯 RMgR'（无溶剂）是黏稠液体或非晶态白色固体，市场上只能购买到其碳氢化合物溶液（通常是庚烷溶液）。自 20 世纪 70 年代中期，RMgR'化合物已在市场上销售。尽管 BEM 发现于 1978 年[19]，但时至今日它仍然是生产聚乙烯催化剂最重要的二烷基镁化合物。

在 1985 年的一篇综述中，二烷基镁化合物被认为具有“有限的现实意义”[2]。尽管此说法当时可能是正确的，但现在肯定不正确。在 21 世纪初，由 $R_2Mg$ 衍生的 Ziegler-Natta 催化剂生产的聚乙烯大大提高了这些材料的“实际重要性”。每年全球用这类催化剂可生产出数百万吨聚乙烯。二烷基镁化合物有两种完全不同的方法用于合成 Ziegler-Natta 催化剂，将在第 4.3.1 和 4.3.2 节中讨论。

美国和欧洲的多家生产商提供的 BEM、BOM 和 DBM 配方略有不同。这些公司给全世界的聚烯烃生产商提供 $R_2Mg$ 配方。但是，没有一个制造商能够提供所有产品。这些产品的主要供应商有：

① Akzo Nobel（前身为 Texas Alkyls 公司）；

② Albemarle（前身为 Ethyl 公司）；

③ Chemtura（前身为 Crompton，Witco and Schering）；

④ FMC（前身为美国 Lithium 公司）。

### 4.3.1 $R_2Mg$ 用于制备载体

二烷基镁化合物与某些氯化物反应制备的 $MgCl_2$ 细粉，可用作聚乙烯催化剂的载体。其他试剂可用于生产不同的无机镁化合物，也适合用作载体，如图 4.1 所示。用过渡金属化合物处理这些产品得到负载型“预催化剂”。通常，过渡金属随后通过反应被烷基铝还原并分离出固体催化剂，然后可以将固体催化剂和助催化剂（通常为 TEAL）加入聚合反应器中。

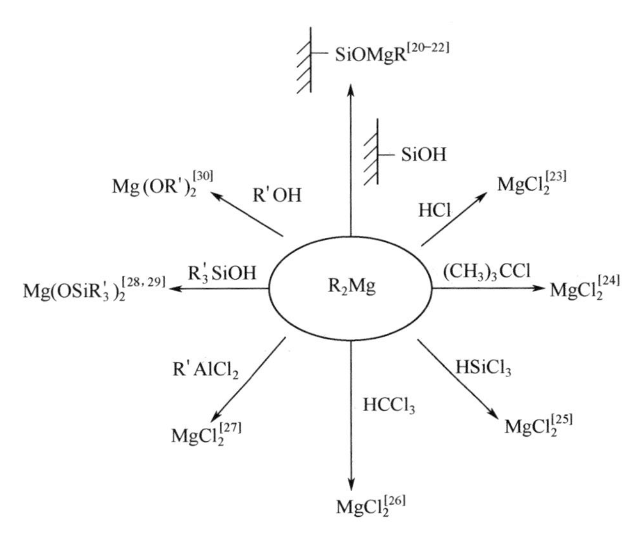


**图 4.1** 二烷基镁化合物制备可用作 Ziegler-Natta 催化剂载体的无机镁化合物

如第 3.3 节所述，Ziegler-Natta 催化剂通常不希望为细粉状。但是，通过本节中所述方法生产的大多数聚乙烯催化剂用于溶液工艺，与气相或淤浆工艺相比，该工艺中粒径分布和形态不那么重要（请参见第 7 章）。

## 4.3.2 $R_2Mg$ 用作还原剂

$R_2Mg$ 与过渡金属化合物反应产生还原的过渡金属化合物，并与无机镁化合物生成共沉淀。在这方面，二烷基镁化合物的作用方式与第 4.2.2 节中所述的烷基铝的几乎相同。如前所述，聚合反应器中必须加入烷基铝助催化剂将过渡金属烷基化并形成活性中心。

在结束讨论 Ziegler-Natta 催化剂体系中二烷基镁化合物的作用之前，还应指出一点，偶尔有文献中介绍二烷基镁化合物用作“助催化剂”。这些参考文献可能指的是广义的助催化剂。也就是说，他们只是在指出二烷基镁化合物是整个催化剂合成中使用的组分之一。二烷基镁化合物作为还原剂和生产载体的试剂具有很好的效果。而如第 4.1 节中定义的助催化剂，二烷基镁化合物效果很差，甚至可能使一些 Ziegler-Natta 催化剂完全失活。这可能是由于烷基镁的强配位作用或对过渡金属的过度还原而引起的活性中心失活。

## 4.4 烷基锂

烷基锂尽管不如烷基铝和烷基镁那么重要，但是每年产量也达百万磅，对生产聚乙烯仅有间接作用。烷基锂的主要商业应用是二烯阴离子聚合制备弹性体，例如聚丁二烯。聚丁二烯在汽车工业领域有许多应用（例如制造轮胎和散热器软管）。

最大的商业烷基锂化合物是正丁基锂，但也会生产大量的仲丁基锂和叔丁基锂。正丁基锂的制备是通过正丁基氯与金属锂反应来实现的，如式（4.12）所示：

$$CH_3CH_2CH_2CH_2Cl + 2Li \longrightarrow CH_3CH_2CH_2CH_2Li + LiCl\downarrow \tag{4.12}$$

分别用 2-氯丁烷（仲丁基氯）和 2-氯-2-甲基丙烷（叔丁基氯）以类似反应制备仲丁基锂和叔丁基锂，如式（4.13）和式（4.14）所示：

$$CH_3CH_2\underset{}{\overset{\overset{Cl}{|}}{C}}HCH_3 + 2Li \longrightarrow CH_3CH_2\overset{\overset{Li}{|}}{C}HCH_3 + LiCl\downarrow \tag{4.13}$$

$$CH_3\underset{\underset{CH_3}{|}}{\overset{\overset{CH_3}{|}}{C}}—Cl + 2Li \longrightarrow CH_3\underset{\underset{CH_3}{|}}{\overset{\overset{CH_3}{|}}{C}}—Li + LiCl\downarrow \tag{4.14}$$

反应在可溶解锂化合物的脂肪烃中进行，通常为己烷或异戊烷。产品以稀溶液（质量分数通常为 15%～25%）形式出售。

烷基锂在聚乙烯生产中的间接作用是用仲丁基锂［从式（4.13）开始］制备“二丁基镁”（DBM）。在脂肪烃溶剂（例如庚烷）中的关键合成反应如式（4.15）～式（4.17）所示：

$$2CH_3CH_2CH_2CH_2Cl + 2Mg \longrightarrow \underset{\text{二正丁基镁（DNBM，不溶的）}}{(CH_3CH_2CH_2CH_2)_2Mg\downarrow} + MgCl_2\downarrow \tag{4.15}$$

$$2CH_3CH_2\overset{\overset{Li}{|}}{C}HCH_3 + MgCl_2 \longrightarrow \underset{\text{二仲丁基镁（DSBM，可溶的）}}{\underset{\underset{CH_3CH_2CHCH_3}{|}}{\overset{\overset{CH_3CH_2CHCH_3}{|}}{Mg}}} + 2LiCl\downarrow \tag{4.16}$$

$$
\begin{array}{l}
\mathrm{CH_3CH_2CHCH_3} \\
\qquad\qquad | \\
\qquad\quad \mathrm{Mg} + (\mathrm{CH_3CH_2CH_2CH_2})_2\mathrm{Mg}\downarrow \longrightarrow 2 \\
\qquad\qquad | \\
\mathrm{CH_3CH_2CHCH_3}
\end{array}
\left\{
\begin{array}{c}
\mathrm{CH_3CH_2CHCH_3} \\
| \\
\mathrm{Mg} \\
| \\
\mathrm{CH_3CH_2CH_2CH_2}
\end{array}
\right\}
\tag{4.17}
$$

DSBM（可溶的）　　DNBM（不溶的）　　　　DBM（可溶的）

式（4.17）中的产物来自 DSBM 和 DNBM 的动态配体交换（“再分配反应”）。在式（4.16）中 $MgCl_2$ 是式（4.15）中合成二正丁基镁的沉淀副产物，这使其可以用“一锅法”来制备 DBM。虽然在式（4.17）中显示 DBM 中正丁基与仲丁基的比值约为 1，但实际上该比值约为 1.5。这就最大限度地减少了所需昂贵的仲丁基锂的数量。DBM 用于生产负载型过渡金属催化剂（参见第 4.3.1 和 4.3.2 节）。

# 4.5　有机硼化合物

有机硼化合物构成了一个广阔而丰富的有机金属化学领域，但不适合在介绍聚乙烯的文章中详细讨论。但是，有几种有机硼化合物对于特定的聚乙烯催化剂至关重要。例如，芳基硼烷用作单中心催化剂体系的助催化剂，将在第 6 章中讨论（请参见第 6.4.2 节）。本节的目的是介绍三烷基硼烷，它是第 3 代 Phillips 催化剂系统（第 5 章）的组成部分，用于工业生产线性聚乙烯。

简单三烷基硼烷中最重要的是三乙基硼（TEB）。20 世纪 60 年代 TEB 开始商业生产。在室温下，三乙基硼是透明无色液体（沸点 95℃），可燃，燃烧时呈绿色火焰[3]。但是，与大多数烷基铝和烷基镁不同，TEB 是单体，几乎不与水反应。它的商业化生产是通过二硼烷（$B_2H_6$）与乙烯反应，或通过三乙基铝和三烷基硼酸酯反应制备，分别如式（4.18）和式（4.19）所示。

$$3(\mathrm{CH_2}=\mathrm{CH_2})+\frac{1}{2}\mathrm{B_2H_6}\longrightarrow(\mathrm{CH_3CH_2})_3\mathrm{B} \tag{4.18}$$

$$3(\mathrm{CH_3CH_2})_3\mathrm{Al}+(\mathrm{RO})_3\mathrm{B}\longrightarrow(\mathrm{CH_3CH_2})_3\mathrm{B}+3(\mathrm{CH_3CH_2})_2\mathrm{AlOR} \tag{4.19}$$

# 4.6　烷基锌

自 19 世纪中叶以来，烷基锌已为化学科学所熟知，是最早被生产和表征的有机金属化合物之一。英国化学家兼有机金属化学先驱 Edward Frankland 先生用金属锌和碘乙烷合成了二乙基锌（DEZ）[3]。虽然二乙基锌被发现超过一个半世纪，如今其仍然是重要的工业烷基金属。虽然其产量远小于烷基铝，但二乙基锌在聚乙烯工艺中有一些特殊应用。

二乙基锌自 20 世纪 60 年代后期开始商业化（产量达吨级），在室温下为无色透明液体。它是单体，可蒸馏（沸点约 117℃）。DEZ 是可燃的，会与水发生剧烈反应，但不像三烷基铝那样难以控制。DEZ 与 $CO_2$ 不反应。

二乙基锌在聚乙烯生产中有多种用途。它最早的应用是作为控制分子量的链转移剂[31,32]。如今，Ziegler-Natta 催化剂体系中的链转移主要通过氢解反应来实现（之前已在第 3.7 节中讨论了链终止机理）。用二乙基锌控制聚乙烯的分子量已不再重要。

在工艺设备检修后，铬催化剂往往难以引发聚合反应，这一点令铬催化剂饱受诟病。当工艺设备停车维修时，反应器内部可能会暴露于空气中，引入的氧气和水对铬催化剂而言是剧毒物质。甚至在完成维护重新引入惰性气体（氮气）之后，痕量的毒物也会附着在反应器内表面上。二乙基锌与水和氧气具有强烈反应性，可用于清除聚合反应器中的这些毒物。当反应器再次启动时，聚合反应更容易引发。

二乙基锌用作毒物清除剂和链转移剂的用量相对较少。但是，后来报道了二乙基锌的新的工业应用[33,34]，其可能具有更长远的意义。二乙基锌用于生产陶氏化学公司（Dow）的乙烯和 1-辛烯嵌段共聚物 INFUSE，使用的是包含铪和锆的单中心催化剂混合体系，该机理称为“链穿梭”。该机理是以中间体二乙基锌为媒介，聚合链在两种过渡金属催化剂之间发生转移。这符合二乙基锌具有链转移剂的作用。

## 4.7 烷基金属的安全性及处理方法

用 Ziegler-Natta 催化剂、单中心催化剂和特定铬催化剂的聚乙烯生产商都需要大规模处理烷基金属（在某些情况下，每年处理量达数吨）。如前所述，许多烷基金属是可燃的，暴露在空气中它们还会自燃，大多数还会与水发生爆炸性反应。聚乙烯制造商必须按规定处理这些危险化学品。尽管烷基金属供应商提供了大量的资源和培训，还是会发生意外事故，并导致严重的人身伤害甚至死亡。显然，烷基金属的安全性和处理方法是必须优先考虑的事项。

处理烷基金属化合物时应采取的安全措施，就是一系列针对意外的防御措施。第一道防线必须是“前线”人员，如转移烷基金属的操作人员。必须对该类人员进行全面安全规程培训和实践，任何人员不得采取捷径或规避预防措施。运输线必须合理建造，并且必须包含运输后的清除措施。在准备转移时，必须使用带压惰性气体（通常用氮气）对设备进行仔细检查以确保无泄漏。

处理烷基金属时，最后的防线是确保穿戴适当的个人防护装备（PPE）。主要的商业供应商推荐各式各样的个人防护设备，在大规模处理烷基金属化合物时使用，包括防火罩、防火外套、防火裤以及防渗手套（最常用的是皮革手套或衬有毛毡的 PVC 手套）。可从第 4.2 节中列出的主要生产商处获得有关大规模处理和转移烷基金属的技术报告和操作规程。

大规模转移烷基金属时必须穿戴适当的个人防护设备
（照片由 Akzo Nobel 高分子化学公司提供）

对于实验室的小剂量转移，建议个人防护装备至少应包括防火面罩和防火实验外套。曾经发生过一起不幸事件，导致一个大学实验室的学生死亡[35]，假如他在处理叔丁基锂时穿着适当的个人防护装备，就可能不会发生这一悲剧。实验室安全转移烷基金属的技术详见参考文献[36]。

无论要转移烷基金属的量是多少，操作人员穿着合适的防护装备将有可能避免由于不安全的操作或设备故障而导致的严重伤害。

与有机过氧化物不同(请参阅第 2 章第 2.3 节)，烷基金属在受热时通常不会剧烈分解。烷基金属的热分解通常以缓慢、无危险的方式发生。但是，也有一些例外。例如，二乙基锌和三甲基铝会随温度升高而剧烈分解。操作时必须格外小心，以确保这些纯净产品不会经受高温。

烷基铝的热稳定性高度取决于配体与铝的结合方式。例如，三乙基铝在约 120℃的温度下是稳定的[37]，其初始分解方式是通过$\beta$-氢消除生成氢化二乙基铝和乙烯［式（4.20)］。氢化二乙基铝可进一步分解为铝、氢气和乙烯［式（4.21)］。整体分解反应式如式（4.22）所示。

$$(CH_3CH_2)_3Al \longrightarrow (CH_3CH_2)_2AlH + CH_2{=}CH_2 \quad (4.20)$$

$$(CH_3CH_2)_2AlH \longrightarrow Al + \frac{1}{2}H_2 + 2CH_2{=}CH_2 \quad (4.21)$$

$$(CH_3CH_2)_3Al \longrightarrow Al + 1\frac{1}{2}H_2 + 3CH_2{=}CH_2 \quad (4.22)$$

但是，如果三乙基铝中的一个乙基被乙氧基取代，则所得分子的热稳定性会大大提高。例如，乙氧基二乙基铝在至少 192℃的温度下是稳定的[37]。图 4.2 显示了几种烷基铝在 180℃下 3 h 的分解率。显然，三烷基铝化合物的热稳定性不如含有富电子杂原子（例如氯或氧）的衍生物。

对于大多数工业聚乙烯工艺（淤浆工艺和气相工艺）而言，助催化剂的热稳定性不是问题，因为大多数反应在 80～110℃的温度范围内进行。然而，溶液工艺在足够高的温度下进行，在该高温下助催化剂的热分解可能成为一个问题。幸好，溶液工艺的停留时间通常很短。

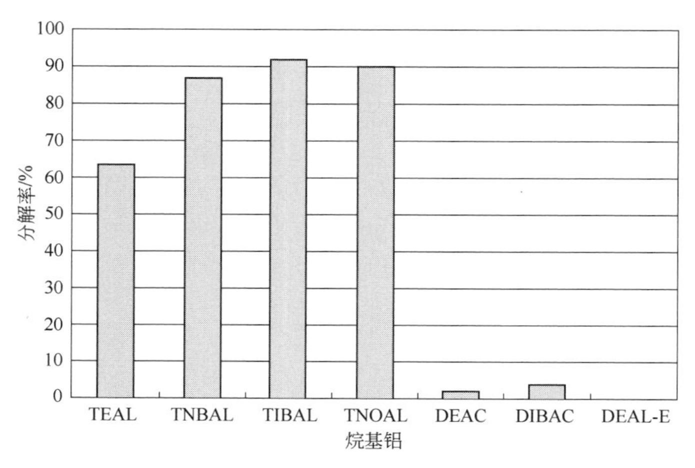


**图 4.2** 一些烷基铝的热稳定性[37]

# 参考文献


[1] Zietz J R Jr. Ullman's Encyclopedia of Industrial Chemistry. Weinheim, FRG: VCH Verlagschellshaft, 1985, A1: 543.

[2] Bickelhaupt F, Akkerman O. Ullman's Encyclopedia of Industrial Chemistry. Weinheim, FRG: VCH Verlagschellshaft, 1985, A15: 626.

[3] Malpass D B, Fannin L W, Ligi J J. Kirk-Othmer Encyclopedia of Chemical Technology. 3rd ed. New York: John Wiley and Sons, 1981, 16: 559; Malpass D B. Handbook of Transition Metal Catalysts. Wiley, 2010: Chapter 1.

[4] Hartley F R, Patai S. The Chemistry of the Metal Carbon Bond. New York: John Wiley and Sons, 1983, 1, The Structure, Preparation, Thermochemistry and Characterization of Organometallic Compounds; 1984, 2, The Nature and Cleavage of Metal-Carbon Bonds; 1985, 3, Carbon-Carbon Bond Formation Using Organometallic Compounds; 1987, 4, The Use of Organometallic Compounds in Organic Synthesis.

[5] Eisch J J. Comprehensive Organometallic Chemistry. 1982, 1: 555.

[6] Eisch J J. Comprehensive Organometallic Chemistry II. 1995, 1: 431.

[7] Lindsell W E. Comprehensive Organometallic Chemistry. 1982, 1: 155.

[8] Lindsell W E. Comprehensive Organometallic Chemistry II. 1995, 1: 57.

[9] Zietz J R Jr, ROBINSON G C, LINDSAY K L. Comprehensive Organometallic Chemistry. 1982, 7: 368.
[10] Krause M J, Orlandi F, Saurage A T, et al. Ullman's Encyclopedia of Industrial Chemistry. Weinheim: Wiley-VCH Verlag GmbH & Co. KGaA, 2005.
[11] Ziegler K. Organometallic Chemistry. New York, 1960: 194.
[12] Tullo A H. Chemical & Engineering News. 2009: 14.
[13] Malpass D B. Methylaluminum Compounds // Society of Plastics Engineers (SPE). The International Polyolefins Conference, February 25-28, 2001, Houston, TX.
[14] Allen L M, Hagerty R O, MOHRING R O. US4732882. 1988-03-22.
[15] Ligi J J, Malpass D B. Encyclopedia of Chemical Processing and Design. New York: Marcel Dekker, 1977, 3: 32.
[16] Ehlers J, Walter J. US5587440.1996-12-24.
[17] Malpass D B. US4593010. 1986-06-03.
[18] Morrison R T, Boyd R N. Organic Chemistry. 6th ed. Prentice Hall, 1992: 99.
[19] Fannin L W, Malpass D B. US4127507.1978-11-28.
[20] Caunt A D, Gavens P D, Mcmeeking J. US4385161. 1983-05-24.
[21] Van De Leemput L. EP72591. 1983-02-23.
[22] Shida M, Pullukat T J, Hoff R E. US4263171. 1981-04-21; US4383096. 1983-05-10.
[23] Birkelbach D F, Knight G W. US4198315.1980-04-15.
[24] Bailly J C, Collomb J. US4487846. 1983-06-16.
[25] Sakurai H, Morita H, Ikegami T, et al. US4159965. 1979-07-03.
[26] Kurz D. US4366298. 1981-12-28; US4368306. 1983-01-11.
[27] Wagner K P. US4186107. 1980-01-28.
[28] Berge C T, Mack M P, Starks C M. US4374755. 1983-02-22.
[29] Heilman W J, Kepm R A. US4525557. 1985-06-25.
[30] Gessell D E. US4244838. 1981-01-13.
[31] Vandenberg E J, Repka B C. High Polymers. John Wiley & Sons, 1977, 29: 370.
[32] Krentsel B A, Kissin Y V, Kleiner V J, et al. Polymers and Copolymers of Higher $\alpha$-Olefins. Cincinnati, OH: Hanser/Gardner Publications, Inc., 1997: 46.
[33] Swogger K. Society of Plastics Engineers: International Conference on Polyolefins, February 25-28, 2007, Houston, TX.
[34] Martin S // Society of Plastics Engineers. International Conference on Polyolefins, February 24-27, 2008, Houston, TX,
[35] Kemsley J N. Learning from UCLA. Chemical & Engineering News, 2009: 29.
[36] Anon. Handling Air-sensitive Reagents, Technical Bulletin AL-134. Aldrich Chemical Company, Inc., 1997.
[37] Sakharovskaya G, Korneev N, Smirnov N, et al. J. Gen. Chem. USSR, 1974, 44: 560.

# 第5章 铬催化剂

## 5.1 金属氧化物负载的铬催化剂

“二战”之后，美国菲利普斯石油公司和印第安纳州的标准石油公司开始探索一种将烯烃（石油精炼过程中常见的副产物）转换为汽油类燃料或润滑油的方法[1,2]。在探索过程中发现，采用难熔氧化物负载的过渡金属催化剂可催化乙烯聚合生成线性聚乙烯[3,4]。Hogan 和 Banks 发明了以铬为活性组分、以二氧化硅为载体的铬催化剂（即 Phillips 催化剂），Zletz 等发明了以钼为活性组分、以氧化铝为载体的可用于催化乙烯聚合的催化剂（即 Standard of Indiana 催化剂）。当时铬催化剂得到美国菲利普斯石油公司的积极推广和授权，成为全球生产 HDPE 使用最广泛的催化剂之一。Hogan 和 Banks 在实验室阶段的贡献于 1999 年被美国化学学会授予“国家化学史里程碑”[1]，他们的创新工作被命名为“公司创造者”。1987 年，化学工业协会授予他们珀金奖章。与美国菲利普斯石油公司情况不同，印第安纳州的标准石油公司（后来的 Amoco 和 BP 公司）在推广催化剂产业化方面显得非常被动，因此印第安纳州的标准石油公司开发的催化剂未能产业化，最终被市场淘汰。因 Standard of Indiana 催化剂在工业上的局限性，在本章中不再作进一步的讨论（有关详细信息参考 McMillan[2]和 Boor [3]）。

菲利普斯石油公司和印第安纳州的标准石油公司早于欧洲的 Ziegler 和 Natta 发现过渡金属可催化烯烃聚合。Phillips 催化剂和“结晶聚丙烯”的专利权有一段戏剧性的过程。直到今天，Phillips 催化剂仍然是聚乙烯催化剂体系中的一个重要组成部分（全球大约有 1/4 的聚乙烯由这类催化剂生产），但 Phillips 催化剂在聚丙烯的商业化生产中却并不令人满意。Hogan 和 Banks 在早期实验中将 Phillips 催化剂用于催化丙烯聚合，并于 1951 年 6 月 5 日首次催化丙烯聚合得到少量的结晶聚丙烯[5]，这一发现是早于 Natta 和 Ziegler 的。经过长达 24 年的诉讼后，美国菲利普斯石油公司在 1983 年最终获得了“结晶聚丙烯”的专利权（US 4376851）。

迄今为止，Phillips 催化剂仍然是合成聚乙烯最重要的催化剂，其他商业化的负载型铬催化剂也被用于催化乙烯聚合。例如，20 世纪 70 年代，UCC 公司（现在隶属于陶氏化学公司）研发了用于催化乙烯聚合的有机铬催化剂[6]，这部分内容将在第 5.4 节中介绍。

## 5.2 Phillips 催化剂的基本化学性质

Phillips 催化剂的载体一般为耐熔氧化物，最常用的载体是硅胶。实际上，在升温过程中，Phillips 催化剂中无机铬化合物不稳定，当达到催化剂活化温度（>500℃）时，铬化合物快速分解。例如，当温度高于 200℃时，$CrO_3$ 分解为 $Cr_2O_3$ 和 $O_2$。但当铬化合物被化学吸附在硅胶表面，在至少 1000℃时，铬化合物以铬酸盐的形式稳定存在于硅胶表面[7]。

目前可从试剂厂商购买到不同牌号的硅胶，用作聚乙烯催化剂载体。此类硅胶具有高的比表面积（300～600 $m^2/g$）和大的孔体积（1～3 mL/g）。硅胶可以是颗粒状或球形，其平均粒径为 40～150 μm。此外，要求用作载体的硅胶要有适宜的粒径分布，避免太大或太小。如前所述，每个催化剂颗粒的形貌和粒径分布影响聚合物初级粒子的形貌和粒径分布（参见第 3.5 节和图 3.2 及图 3.3）。商业化硅胶的主要供应商有：

① 美国的 Grace 公司；

② 英国的 INEOS 公司（前身为 Crosfields 公司）；

③ 美国的 PQ 公司。

硅胶表面含有硅氧硅（Si—O—Si）和硅醇（SiOH）基团，以及质量分数为 4%～7%的吸附水。硅胶表面结构和 Phillips 催化剂的结构如图 5.1 所示。

无机铬化合物和硅胶的结合方式与 Phillips 催化剂的化学性质密切相关。Phillips 催化剂的制备过程如下：

① 利用铬化合物的水溶液浸渍硅胶。铬与硅胶表面的硅醇基发生化学反应，从而将铬负载于硅胶载体表面，其生成的铬化合物表面结构如图 5.2 所示，通常以单铬酸盐和重铬酸盐的形式负载于硅胶表面。

② 在约 100℃的温度下脱去溶剂进行干燥。

③ 再在 500～900℃的温度煅烧活化，得到成品催化剂。活化处理通常是在流化床反应器内空气或氧气氛围下进行，可以保证铬处在+6 价氧化态。活化后催化

剂中铬质量分数为 1%。

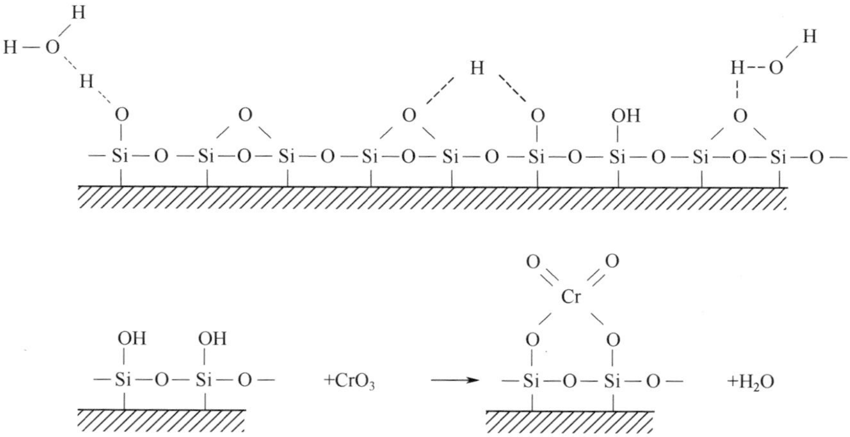

**图 5.1** 硅胶表面结构和 Phillips 催化剂的结构

Phillips 催化剂由铬化合物（通常是 $CrO_3$）和脱水硅胶反应制备

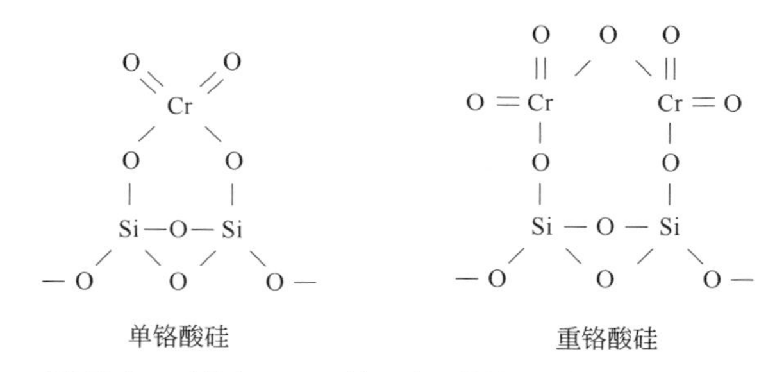


**图 5.2** 硅胶经 $CrO_3$ 处理得到的铬化合物表面结构

铬的存在形式以单铬酸盐为主，也有少部分化学吸附的重铬酸盐。已知单铬酸盐是聚合活性中心的前体，而重铬酸盐有时也可能形成活性中心[7]。普遍认为，单铬酸盐是主要的前体，本章节将主要围绕单铬酸盐展开讨论。

活化后，将 Phillips 催化剂用饱和烃（如异丁烷）稀释成淤浆，加入聚合反应器内。目前关于 Phillips 催化剂催化乙烯聚合的链引发机理尚不清楚，但学术界普遍认为链引发机理可能是氧化还原机理，铬酸盐中的铬 Cr（Ⅵ）被乙烯还原为低价态 Cr（Ⅱ），Cr（Ⅱ）作为活性中心前体。链引发初期缓慢的原因可能是生成的氧化副产物与铬活性中心配位，进而阻碍烯烃与铬活性中心配位。因此，标准 Phillips 催化剂存在一个较长的诱导期。Phillips 催化剂的典型动力学曲线如图 1.11 中的曲线 C 所示。如果将 Phillips 催化剂提前用 CO 预还原，诱导期就会消失。与 Ziegler-Natta 催化剂和大多数单中心催化剂相比，Phillips 催化剂不需要添加任何助催化剂即可引发乙烯聚合反应。由于 Phillips 催化剂存在多种活性中心，因此能制备的聚合物的分子量分布非常宽。

Phillips 催化剂的活性约 3 kgPE/gCat[8]。当催化剂中 Cr 的质量分数约为 1%时，制备得到的聚合物中 Cr 残留量小于 5 mg/kg，因此没有必要增设聚合物中残留催化剂的脱除工序。

## 5.3 四代 Phillips 催化剂

从 20 世纪 50 年代初发现催化剂开始，人们就积极对 Phillips 催化剂进行改进，改性后的催化剂增强了对聚合物的分子量和分子量分布的调控能力，而不影响催化剂的活性。Beaulieu 将 Phillips 催化剂的发展分为四代[9]，如表 5.1 所示。

第 1 代 Phillips 催化剂是由 Hogan 和 Banks 发明的硅胶负载的氧化铬催化剂，采用该催化剂无法得到高熔融指数（低分子量）的树脂产品[10]。第 1 代 Phillips 催化剂对 $H_2$ 的链转移反应不敏感[11]。通常，在温度 90～110℃下聚合，可实现分子量的控制。

第 2 代 Phillips 催化剂是一种改进了载体表面化学性质的、含钛化合物的铬催化剂，所合成的 HDPE 具有较高的熔融指数（低分子量）[12]。通常使用四异丙氧基钛（TIPT，也称为钛酸四异丙酯）作为改性剂，在载体表面上可能生成六价的钛酸铬物种，如图 5.3 所示[13]。此催化剂表面存在多种活性中心，合成树脂的分子量分布要比第 1 代 Phillips 催化剂的宽。

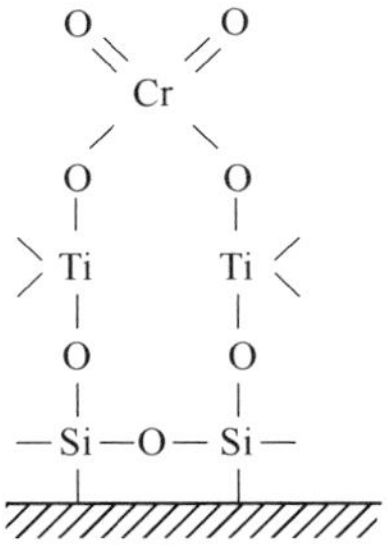

**图 5.3** 六价钛酸铬物种形成的第 2 代 Phillips 催化剂的结构

第 3 代 Phillips 催化剂是加入三乙基硼作为助剂，有时候也被称为“助催化剂”。值得注意的是，三乙基硼在铬催化剂中所起的作用与烷基铝在 Ziegler-Natta 催化体系中的作用是不同的，与 Ziegler-Natta 催化体系中加入烷基铝的量相比，三乙基硼在铬催化剂体系中加入量更低（见第 4.2.3 节）。三乙基硼不但可以增加低分子量部分，得到宽分子量分布的聚乙烯，而且也能原位生成 1-己烯，从而降低了密度，生产出 LLDPE。

第 4 代 Phillips 催化剂使用磷酸铝（$AlPO_4$）和氧化铝载体以取代硅胶。与第 1 代催化剂相比，负载在 $AlPO_4$ 上的铬能响应氢调。使用这种催化剂允许在聚合反应器中用调节氢浓度的方法大范围调节分子量。另外，$AlPO_4$ 和 $SiO_2$ 是等电子体，同样能生成多种活性中心，如图 5.4 所示，每个活性中心与反应器内的组分（乙烯、共聚单体、氢等）都有不同的反应活性，因此可以得到非常宽分子量分布的聚合物

（$M_w/M_n$>50）[7]。

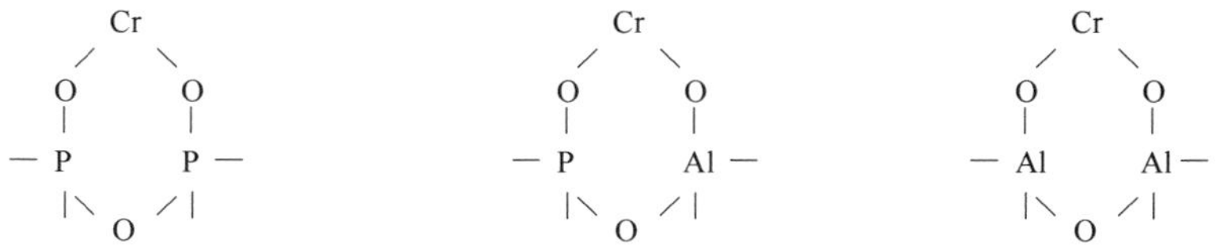

富磷活性中心　　　　磷/铝混合活性中心　　　　富铝活性中心

**图 5.4**　第 4 代 Phillips 催化剂的活性中心结构

**表 5.1**　四代 Phillips 催化剂的特点

| 各代催化剂 | 时间 | 特征 |
| --- | --- | --- |
| 第 1 代 | 1955 | 硅胶负载铬；诱导期之后，可制备比较宽分子量分布和高分子量的聚合物 |
| 第 2 代 | 1975 | 用钛酸四异丙酯（TIPT）改进载体表面，可得到相对低分子量的聚合物 |
| 第 3 代 | 1983 | 用 TEB 作为助催化剂，增加低分子量部分，可拓宽聚合物的分子量分布 |
| 第 4 代 | 20 世纪 90 年代 | 将磷酸铝、氧化铝或硅-铝化合物作为载体，可生产双峰分子量分布的 PE；表现出与其他几代 Phillips 催化剂不同的良好的氢调敏感性 |

# 5.4　联碳铬催化剂

20 世纪 70 年代末，联碳公司（UCC）在美国菲利普斯石油公司的基础上开发出负载型铬催化剂，与菲利普斯石油公司不同的是，UCC 公司将有机铬化合物负载在 $SiO_2$ 上得到高效载体催化剂[6,11]。其中最重要的是铬酸双（3-苯基硅）酯（BTSC）和二茂铬，结构如图 5.5 所示。UCC 公司利用这种催化剂在 Unipol 气相法中生产 LLDPE 和 HDPE。与 Phillips 催化剂相比，UCC 催化剂具有如下特点：

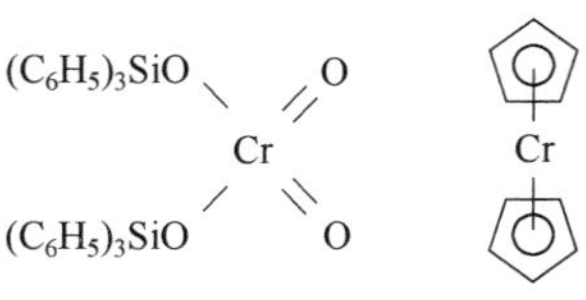

**图 5.5**　由 UCC 开发的用于生产 LLDPE 和 HDPE 的负载型铬催化剂的结构

① 聚合反应动力学平稳。

② UCC 催化剂没有诱导期或诱导期很短。

③ 二茂铬催化剂氢调响应性好，通过调节氢气的加入量可调控聚乙烯分子量。

## 5.5　负载型铬催化剂的聚合机理

Phillips 催化剂催化乙烯聚合的机理是 Cr（Ⅵ）与乙烯发生氧化还原反应，反应过程如式（5.1）所示，产生 Cr（Ⅱ）和配位空位点。如上所述，聚合初期引发非常缓慢，这主要是因为氧化副产物的缓慢还原或解吸，而氧化副产物可以与活性中心配位（并阻断活性中心）。

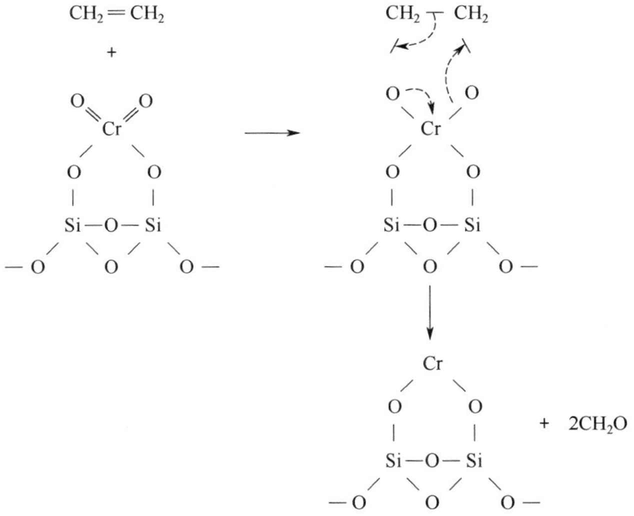

$CH_2=CH_2$ + $(O=)_2Cr(-O-Si)_2$（硅胶表面 $Si-O-Si$）→ $CH_2-CH_2$ / $O$—$Cr$—$O$（硅胶表面）→ $Cr$（硅胶表面 $Si-O-Si$）+ $2CH_2O$　（5.1）

自 Hogan 和 Banks 发现铬催化剂已有 70 多年，虽然推测有 Cr—H 化合物或者烷基铬生成，但是其形成的确切机理还是未知。Cr—H 化合物或者烷基铬先与乙烯形成 π-络合物，π-络合物再转化成烷基铬，变成活性中心，引发聚合［式（5.2）］。

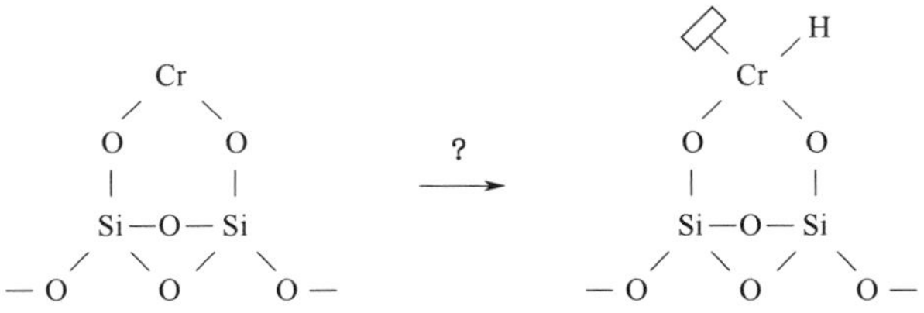

$Cr$（硅胶表面 $Si-O-Si$）$\xrightarrow{?}$ $H-Cr$（配位空位，硅胶表面 $Si-O-Si$）

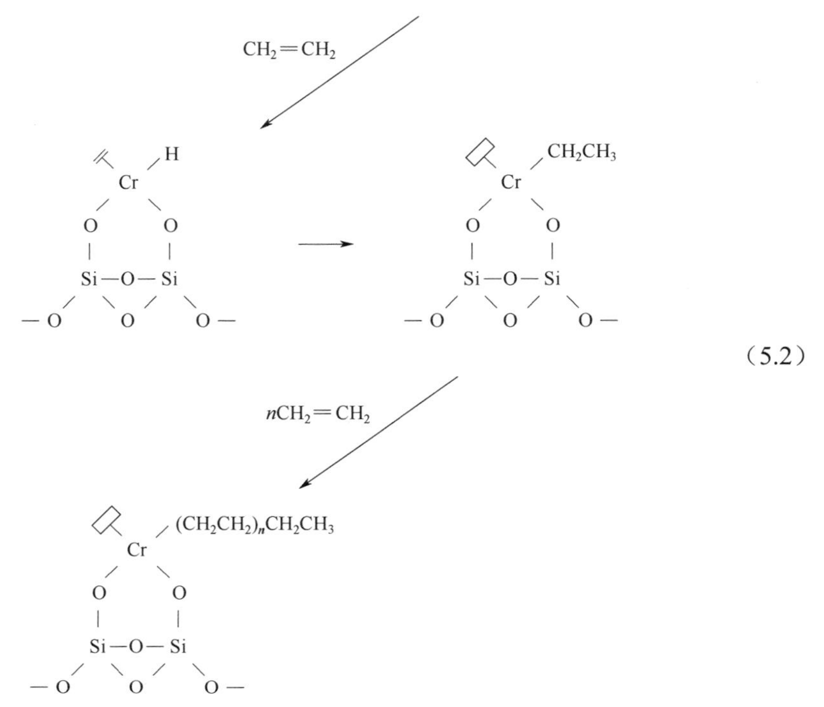


链终止反应主要是 β-H 消除反应，H 转移向单体或者 Cr。这个链终止反应机理和 Ziegler-Natta 催化剂的类似［参见第 3 章的式（3.8）和式（3.9）］。对于用氢气调节分子量的负载型铬催化剂，如 $SiO_2$ 负载的二茂铬和 $AlPO_4$ 负载的 Cr，向氢气的链转移是链终止的主要反应。

Hogan 和 McDaniel 深入论述了铬催化剂的乙烯聚合[14-19]。

# 参考文献


[1] Macdermott K. Chemical & Engineering News, 1999: 49.

[2] Mcmillan F M. The Chain Straighteners. London: MacMillan Press, 1979: 71.

[3] Boor J Jr. Ziegler-Natta Catalysts and Polymerizations. New York: Academic Press, Inc., 1979: 280.

[4] Seymour R B. Advances in Polyolefins. New York: Plenum Press, 1987: 6.

[5] Hogan J P, Banks R L. History of Polyolefins. Dordrecht, Holland: D. Reidel Publishing Co., 1986: 105.

[6] Karol F J. Encyclopedia of Polymer Science and Technology. 1976, Supp 1: 120.

[7] Deslauriers P J, Mcdaniel M, Rohlfing D C, et al // Society of Plastics Engineers. International Conference on Polyolefins, February 25-28, 2007, Houston, TX.
[8] Smith M. Handbook of Petrochemicals Production Processes. McGraw- Hill, 2005: 14.35.
[9] Beaulieu B, Mcdaniel M, Deslauriers P // Society of Plastics Engineers. International Conference on Polyolefins, February 27, 2005, Houston, TX.
[10] Hsieh H L, Mcdaniel M P, Martin J L, et al. Advances in Polyolefins. New York: Plenum Press, 1987: 153.
[11] Karol F J, Wagner B E, Levine J, et al. Advances in Polyolefins. New York: Plenum Press, 1987: 339.
[12] Mcdaniel M P, Welch M B, Dreiling M J. J. Catal., 1983, 82: 118.
[13] Pullukat T J, Hoff R E, Shida M. J. Polym. Sci., 1980, 18: 2857.
[14] Hogan J P. J. Polymer Science, Part A-1, 1970, 8: 2637.
[15] Hogan J P. Applied Industrial Catalysis, 1983, 1: 149.
[16] Mcdaniel M P. Handbook of Heterogeneous Catalysis. 2nd ed. Weinheim, Germany: Wiley-VCH Verlag, 2007: chapter 15.1.
[17] Mcdaniel M P. Handbook of Heterogeneous Catalysis. Weinheim: VCH Verlagsgesellschaft, 1997, 5: 2400.
[18] Benham E, MCDANIEL M. Kirk-Othmer Concise Encyclopedia of Chemical Technology. 5th ed. Hoboken: John Wiley & Sons, Inc., 2007: 590.
[19] Mcdaniel M P. Handbook of Transition Metal Catalysts. Wiley, 2010.

# 第6章 单中心催化剂

## 6.1 概述

相比于 Ziegler-Natta 催化剂，单中心催化剂表现出截然不同的结果：单中心催化剂（SSC）基于高度纯化的过渡金属化合物，而大多数 Ziegler-Natta 催化剂是不确定的多相混合物；Ziegler-Natta 聚合的助催化剂是具有良好特性的纯化合物，但是单中心催化剂最常用的助催化剂［甲基铝氧烷（MAO）］相对不纯，人们对其知之甚少；单中心催化剂的活性中心是阳离子，而 Ziegler-Natta 催化剂的活性中心被认为是一种中性的具有开放配位点的八面体配合物；Ziegler-Natta 催化剂具有多种活性中心，这些活性中心以略有不同的方式催化乙烯聚合，导致聚乙烯的典型多分散度为 4～6，单中心催化剂基本上具有一种类型的活性中心（“单中心”），并产生具有非常窄的分子量分布（2～3 的多分散度）的聚乙烯。表 6.1 总结了单中心催化剂和 Ziegler-Natta 催化剂的特征对比。

**表 6.1** 单中心催化剂和 Ziegler-Natta 催化剂的特征对比

| 对比项目 | 单中心催化剂 | Ziegler-Natta 催化剂 |
|---|---|---|
| 典型的催化剂 | Zr 和 Ti 系茂金属 | 含 Ti 非晶态固体 |
| 催化剂的纯度 | 高 | 低 |
| 典型的助催化剂 | MAO | TEAL |
| 助催化剂的纯度 | 低 | 高 |
| 活性中心 | 单中心 | 多中心 |
| 聚合物的分子量分布 | 2~3 | 4~6 |

大多数单中心催化剂是均相的[1]。因此，不可能对催化剂和聚合物颗粒进行 psd（粒度分布）和形貌控制。对于溶液工艺，这无关紧要。但是，对于淤浆（悬浮液）和气相工艺，psd 和形貌控制至关重要。Hlatky 对用于烯烃聚合的负载型单中心催化剂进行了综述[1]。

目前有两种类型的单中心催化剂，最著名的是基于茂配体的金属催化剂。非茂金属催化剂类型是相对较新的研究，并且大多数是基于后过渡金属（主要是 Pd、Ni 和 Fe）的螯合化合物。每种单中心催化剂类型都将在下面进行详细介绍。

结束本节之前，应该对单中心催化剂有一个正确的认识：单中心催化剂虽然在技术上很重要，但 2010 年左右，其贡献量不到全球聚乙烯工业总产量的 4%[2]，未来可能发生重大变化。然而，更可能的情况是 Ziegler-Natta、Phillips 和自由基聚合在未来数十年仍是生产聚乙烯的主要方法。

# 6.2 茂金属单中心催化剂

茂金属是 π 键有机金属[3,4]，其中金属“夹在”芳族配体（例如联环戊二烯基或茚基）之间。在茂金属（如二茂铁）中，环戊二烯基环是平行的，但其他环具有“弯曲三明治”结构，如图 6.1 所示。陶氏化学公司在聚乙烯的单中心催化剂技术中使用的限制几何构型催化剂（CGC）是“半夹心”茂金属的一个例子，如图 6.2 所示。用于生产立体有规聚丙烯的茂金属实例如图 6.3 所示。茂金属与甲基铝氧烷或氟芳基硼烷的组合是使用最广泛的单中心催化剂体系。尽管不是所有茂金属催化剂都有效，但所用的茂金属催化乙烯聚合的活性可大于 $10^6$ g PE/g Met-atm $C_2H_4$-h，其中“Met”通常为 Zr 或 Ti。

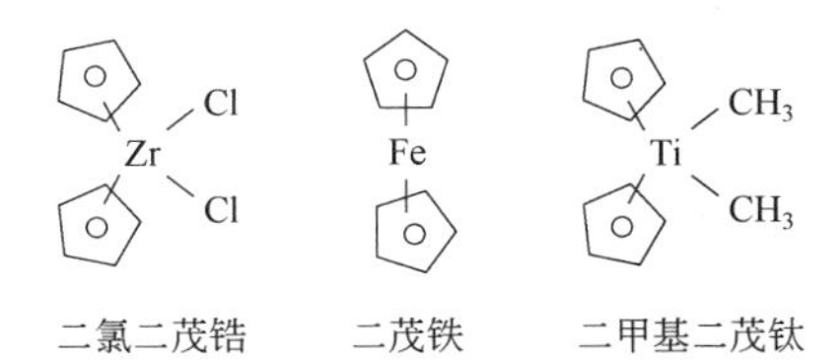


**图 6.1** 简单茂金属催化剂的结构

二茂铁是最早的茂金属（于 1951 年发现），但直到 1952 年才发现正确的π键结构。

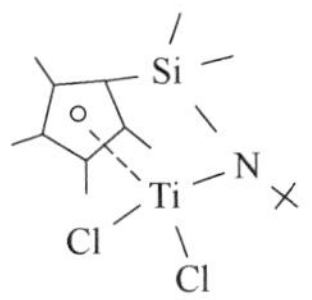

**图 6.2** 可用于乙烯溶液聚合的 CGC 的结构

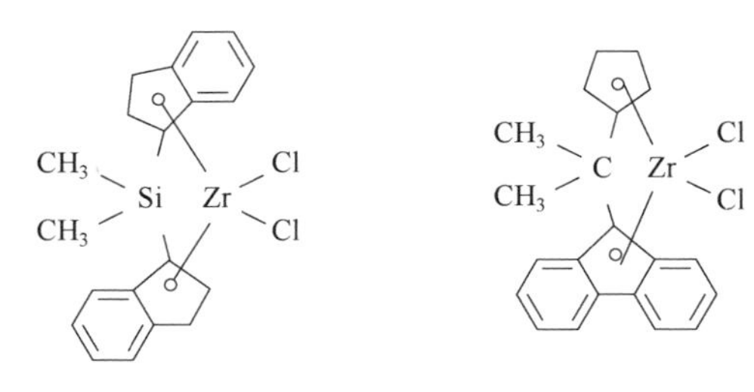


**图 6.3** 用于生产立体有规聚丙烯的茂金属单中心催化剂的结构

自 1951 年以来，茂金属就已为人们所知[5]，但直到 Kaminsky、Sinn 及其同事[6,7]在 20 世纪 70 年代中后期，才发掘了茂金属单中心催化剂的巨大潜力。关键发现是由于使用甲基铝氧烷代替二乙基氯化铝和其他常规助催化剂，催化活性显著提高。茂金属单中心催化剂的商业应用始于 20 世纪 90 年代初期。

相比其他用于乙烯聚合的茂金属，Stevens[8]总结了陶氏化学公司限制几何构型催化剂具有的优势：

① CGC 具有出色的高温稳定性，即使在溶液工艺的极端条件下，也能够生产 $M_n>5\times10^5$ 的乙烯/1-辛烯共聚物。

② CGC 具有良好的氢调敏感性，可实现一系列不同分子量的聚合物的制备。聚合物的分子量也可以通过聚合温度来调控。较高的聚合温度得到具有较低分子量的聚合物。

③ CGC 对于 $\alpha$-烯烃共聚单体具有出色的反应活性。这一属性使得其能够生产高含量、均匀分布的$\alpha$-烯烃的共聚物（VLDPE）。此外，通过消除反应得到的长链 $\alpha$-烯烃能够随后以共聚单体形式插入，将少量的长链支化引入聚合物中。

## 6.3 非茂金属单中心催化剂

非茂金属单中心催化剂发端于 20 世纪 90 年代。这些催化剂主要基于螯合的后过渡金属，尤其是 Pd、Ni 和 Fe[9,10]，图 6.4 给出了一个代表性结构。它们具有与茂金属单中心催化剂相同的许多优点，但与前过渡金属相比，它们的成本可能更低，亲氧性也更低。较低的亲氧性意味着与官能团的相容性更强，并最终表现为催化乙烯与极性单体的共聚能力。例如，乙酸乙烯酯与乙烯共聚可用于生产主要为线性形式的 EVA。这种共聚物的微观结构与高度支化的高压 EVA 有很大不同，并且有望改善高压 EVA 的性能[11]。与非茂金属单中心催化剂适用的助催化剂种类更广泛[12]。

实际上，在某些情况下，有可能完全无需昂贵的助催化剂[12]。

由于一种称为“链行走”的机理，某些非茂金属单中心催化剂会引发链支化[13]。短链和长链分支都可能是由链行走机理引起的。原则上，这使得可以在不使用共聚单体的情况下生产高度支化的聚乙烯。

对于链行走的机理综述已经有详细讨论[13]。简而言之，在某些情况下，活性中心能够通过一系列消除（涉及 $\beta$-消除反应）和重新配位，甚至能越过叔碳原子在聚合物链上迁移（“行走”）。活性中心的迁移引起聚合物的支化。使用钯催化剂，无需使用 $\alpha$-烯烃共聚单体即可生产密度低至 0.85 g/cm$^3$ 的超支化聚乙烯。图 6.5 用钯催化剂对反应的关键步骤进行说明。

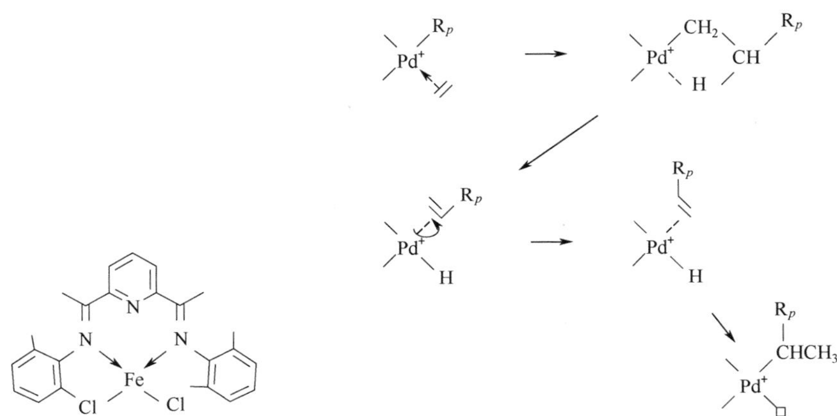


**图 6.4** 基于后过渡金属铁的非茂金属单中心催化剂

**图 6.5** 用钯催化剂制备超支化聚乙烯的关键步骤

非茂金属单中心聚乙烯催化剂的两个值得注意的进展如下：

① Swogger 描述了基于前过渡金属（Zr 和 Hf）的吡啶胺催化剂[2]。图 6.6 中提供了一个吡啶胺催化剂的结构式。当将两种这样的催化剂组合时，双催化剂体系能够通过链穿梭的机理生产乙烯和 1-辛烯的烯烃嵌段共聚物，称为 INFUSE。二乙基锌（DEZ）是促进两种此类催化剂进行链穿梭的试剂（已知二乙基锌是 Ziegler-Natta 催化剂的有效链转移剂[14,15]）。

② Goodall[12]发现后过渡金属催化剂具有高活性，能够使乙烯与极性单体（如丙烯酸和丙烯酸甲酯）共聚。而且，Goodall 催化剂不需要助催化剂。图 6.7 提供了 Goodall 催化剂的一个示例。

这些进展和非茂金属单中心催化剂通常代表着聚烯烃催化技术的下一波革新，这将促进具有独特性能的聚乙烯以较低的成本生产。它们将补充甚至取代 20 世纪 90 年代商业化的许多茂金属单中心催化剂。

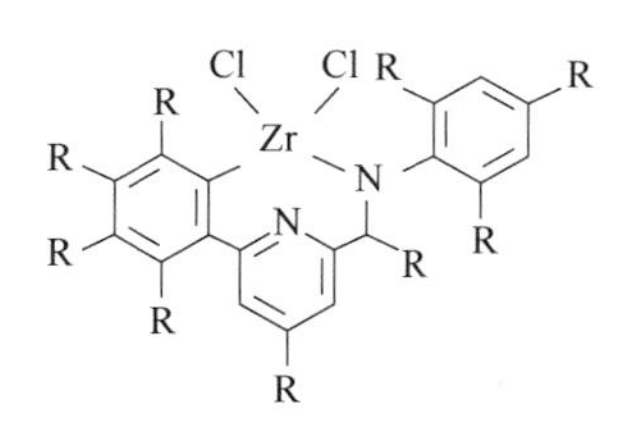


**图 6.6** 用于生产乙烯/1-辛烯嵌段共聚物的吡啶胺催化剂的结构[2]
其中 R 为相同或不同的烷基

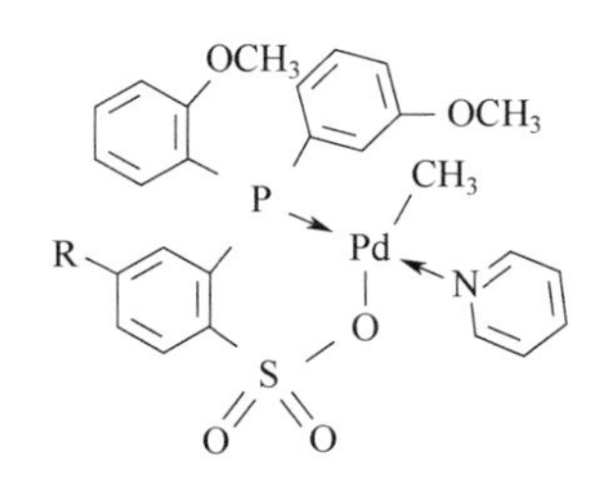


**图 6.7** Goodall 描述的单中心催化剂的结构[12]

# 6.4 单中心催化剂的助催化剂

如上所述，常规的烷基铝不是单中心催化剂的有效助催化剂，可能是因为它们不能夺取配体以产生阳离子活性中心（有关机理请参见第 6.5 节）。目前已经开发出两种主要类型的有机金属助催化剂与单中心催化剂一起使用，它们是甲基铝氧烷（MAO）和芳基硼烷。

## 6.4.1 甲基铝氧烷

大多数市售的甲基铝氧烷是通过水与三甲基铝（TMAL）在甲苯中的缓慢反应生产的。该反应必须严格控制，以避免著名的有机金属化学家 John Eisch 所说的“危及生命的烟火场面”[16]。不幸的是，在进行 MAO 的制备过程中常有爆炸和受伤的事件。水必须在低温下以缓和潜在剧烈反应的形式引入。例如，水以水合盐、碎冰或喷雾的形式引入。即使采取这些预防措施，也会发生爆炸反应。整个反应如式（6.1）所示。

$$x(CH_3)_3Al + xH_2O \xrightarrow{\text{甲苯}} \left(CH_3AlO\right)_x + 2xCH_4\uparrow \tag{6.1}$$

在实验室制备 MAO 的产率通常很低（<60%）。该产品称为甲基铝氧烷（MAO），不常用的名称是聚甲基铝氧烷（PMAO）。MAO 是一种结构不确定的复杂成分，基本上不溶于脂肪烃。MAO 通常以含约 13% Al 的甲苯溶液的形式提供，相当于约 28%的 MAO 浓度。

MAO 的工业化生产已经取得了长足的进步。工艺的改进大大提高了产率。工艺改进包括使用替代反应物和/或连续过程、高度稀释的溶液、低的水/TMAL 比例以及中间流的循环[17]。

从甲苯溶液中分离出来的纯净 MAO 是一种非晶态、易碎的白色固体，含有 43%～

44%的 Al（理论值为 46.5%）。像大多数商业化的烷基铝一样，它具有自燃性，可与水发生爆炸性反应。新鲜制备的 MAO 溶液在环境温度（>20℃）下储存几天内就会形成凝胶，但是在较低的储存温度（0～5℃）下会延迟凝胶的形成。因此，制造商使用冷藏容器存储和运输 MAO。市售的 MAO 包含残留的 TMAL（15%～30%），称为游离 TMAL 或活性铝。文献中关于游离 TMAL 对单中心催化剂活性的影响是矛盾的，降低和提升活性的报道[18-20] 都有。甲基铝氧烷的最大缺点可能是其成本大大高于常规烷基铝。尽管存在这些不利因素，甲基铝氧烷仍然是用于工业单中心催化剂的最广泛的助催化剂。

也可以使用其他烷基铝氧烷作为助催化剂，例如异丁基铝氧烷（IBAO），与甲基铝氧烷相比，其更容易生产并且成本更低。然而，这些替代的铝氧烷作为单中心催化剂的助催化剂性能不佳。关于铝氧烷的制备和性质已有许多相关综述[20-22]。

公开数据显示，从甲苯中分离出来的甲基铝氧烷的分子量范围很宽（300～3000，主要使用冰点降低法），Beard 等提出可能是由于不可重复性 [23] 。他指出，冰点降低法测试市售甲基铝氧烷的分子量，受多个变量的影响，例如工艺油、残余甲苯（溶剂）和 TMAL 含量。Beard 报道了校正的冰点降低法测得的分子量约为 850，表明式（6.1）中的 $x$ 约为 15。

烷基铝氧烷是高度交联的低聚物，呈笼状或簇状结构[24,25]。Barron 等人通过在 −78℃下等物质的量水解三叔丁基铝，然后进行热解制备了叔丁基铝氧烷（TBAO）。尽管还观察到一些更高的聚集体，但他们发现 TBAO 主要为六聚体和九聚体（使用水合盐作为水源可提供不同的聚集体）。异丁基铝氧烷，一种商品化的 TBAO 异构体，分子量约为 950[26]（冰点降低法测得），也是九聚体。Barron 提出，甲基铝氧烷中的铝仅以四配位的簇结构存在。他进一步指出，商业甲基铝氧烷中的 TMAL 以两种形式存在：二聚体 TMAL［$(CH_3)_6Al_2$］和与簇中氧原子配位的 TMAL[27]。TMAL 也可能通过缺电子键（三中心两电子键）与九聚体中的 Al—$CH_3$ 基团缔合[28,29]。TMAL 和九聚甲基铝氧烷之间的加合物可能的结构如下：

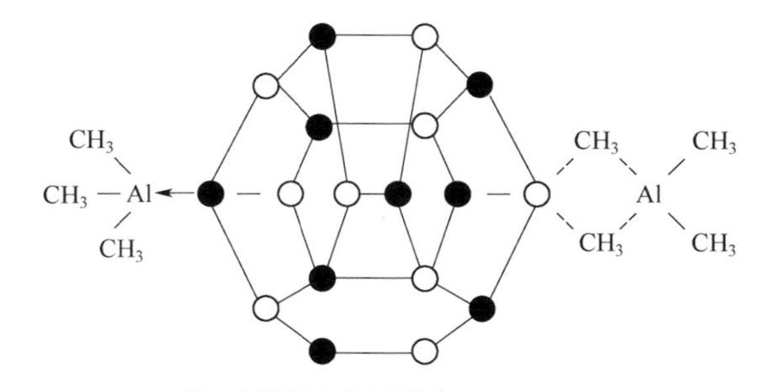

一种适用于单中心催化剂的非水解制备甲基铝氧烷的方法已经被报道[30-32]。这种替代的合成方法完全避免了 TMAL 与水的危险反应，并能够不产生铝的副产物。由于该产品在使用 *rac*-乙烯双（茚基）二氯化锆（EBZ，请参见图 6.8）进行标准乙烯聚合试验中具有更高的活性，因此将其称为 PMAO-IP（提高了聚甲基铝氧烷的性能）。尽管可以使用许多前体对其进行制备，最简单的方法是 $CO_2$ 与 TMAL 反应以形成中间体，随后热分解产生 PMAO-IP。详细的化学过程很复杂，涉及甲烷和其他碳氢化合物的释放，包括与甲苯的 Friedel-Crafts 反应生成的产物。简化的公式如式（6.2）所示。

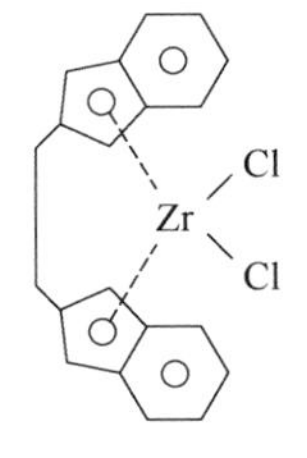


*rac*-乙烯双（茚基）二氯化锆

**图 6.8** EBZ 的结构式

$$2(CH_3)_3Al + CO_2 \xrightarrow{\text{甲苯}} (CH_3)_2AlO\underset{\substack{|\\CH_3}}{\overset{\substack{CH_3\\|}}{C}}OAl(CH_3)_2 \tag{6.2}$$

$$\longrightarrow \left(CH_3AlO\right)_x + CH_4\text{和其他碳氢化合物}$$

PMAO-IP 所含的游离 TMAL 要比水解甲基铝氧烷低得多，这可能解释了采用该助催化剂的单中心催化剂具有更高的活性的原因。但是，PMAO-IP 并不能与所有单中心催化剂配合，因此不能视为标准甲基铝氧烷的替代品。

自 20 世纪 90 年代初，改性甲基铝氧烷（MMAO）也已实现商业化。MMAO[32] 中某些甲基被其他烷基取代，是涵盖这类产品的通用术语，最常用的改性剂是异丁基和正辛基。

大多数 MMAO 是通过与水反应制备的［式（6.3）］。MMAO 有几种配方（后缀有不同的形式，例如 MMAO-3A），每种配方具有不同的组成和特性。一种商业化的 MMAO 通过上述非水解方法生产。所有 MMAO 均含有>65%的甲基，因此，主要是甲基铝氧烷。实际上，有的 MMAO 配方含有约 95%的甲基。

$$xR_3Al + xH_2O \longrightarrow \left(RAlO\right)_x + 2xRH\uparrow \tag{6.3}$$

MMAO 储存稳定性大大改善，并且其中几种极易溶于脂肪烃（聚乙烯制造商出于毒性方面的考虑避免使用甲苯，特别是必须与食品接触的树脂）。最重要的是，由于产量较高，MMAO 的成本要低于 MAO。然而，由于 MMAO 包含其他类型的烷基铝氧烷，在某些单中心催化剂体系中，它们的性能不如常规 MAO。因此，对于单中心催化剂，MMAO 被视为补充助催化剂。

所有商业化的 MAO 均采用三甲基铝作为起始原料。如上所述，TMAL 必须通过效率较低的过程来制造，包括用金属钠还原[33]。因此，三甲基铝比其他 $R_3Al$ 化合物要贵得多（约 10 倍）。三甲基铝水解产生 MAO 的产率也低，导致 MAO 的成本非常高。另外，在许多单中心催化剂体系中必须过量使用 MAO，这进一步增加了成本（例如，溶液工艺中 Al 与过渡金属的摩尔比通常>1000）。这些因素为开发更低成本的助催化剂提供了动力。虽然有高产率的替代品（非水解和改性 MAO），或负载型单中心催化剂中降低 Al 与过渡金属的摩尔比（<200），但相对于常规烷基铝，MAO 仍然非常昂贵。下一节将介绍最成功的 MAO 替代品。

## 6.4.2 芳基硼烷

三（五氟苯基）硼烷，称为 FAB，是单中心催化剂最常用的芳基硼烷助催化剂。FAB 是一种强路易斯酸固体（$T_m$ 126～131℃），对空气敏感，仅微溶于烃类溶剂。FAB 的结构如下：

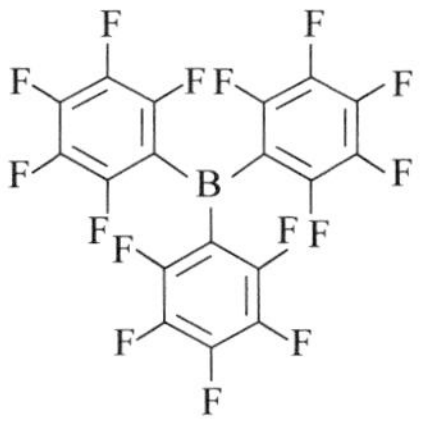

可以将 FAB 进一步衍生化，以产生路易斯酸性更高的助催化剂。例如，以下硼酸盐配合物[34]也可用作助催化剂：

$Ph_3C^+(C_6F_5)_4B^-$　　　　$(CH_3)_2PhNH^+(C_6F_5)_4B^-$

三苯甲基四（五氟苯基）硼酸盐　　*N,N*-二甲基苯胺四（五氟苯基）硼酸盐

$Li^+(C_6F_5)_4B^-$

四（五氟苯基）硼酸锂

FAB 和以上配合物的强路易斯酸性使其能够从单中心催化剂的过渡金属上夺取配体，从而产生一种阳离子，该阳离子被认为是聚合反应的活性中心，如式（6.4）所示：

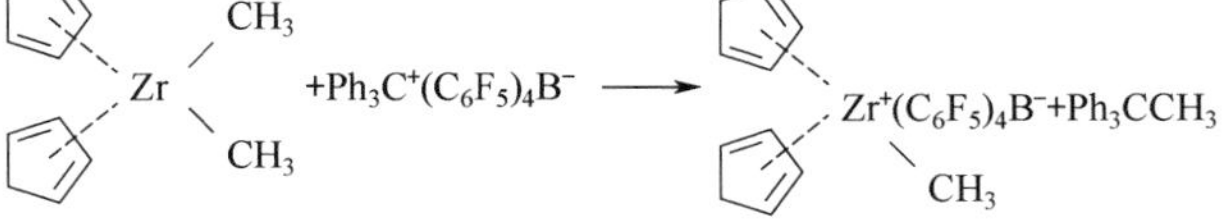

$$Cp_2Zr(CH_3)_2 + Ph_3C^+(C_6F_5)_4B^- \longrightarrow Cp_2Zr^+(CH_3)(C_6F_5)_4B^- + Ph_3CCH_3 \quad (6.4)$$

FAB 和硼酸盐配合物的主要优点是它们可以以接近化学计量的量使用[35]，而 MAO 必须过量使用才能获得最佳结果。还可以使用其他芳基硼烷，其中一些芳基硼烷在单中心催化剂体系中的活性高达 FAB 的 20 倍。Marks 和 Chen[20]综述了其中一些替代的芳基硼烷的合成和性质。

### 6.4.3 单中心催化剂的其他助催化剂

尽管 MAO、MMAO 和芳基硼烷/硼酸盐是最常与单中心催化剂一起使用的助催化剂，但还有其他化合物可以用作助催化剂。这些助催化剂包括 $Ph_3C^+Al(OC_6F_5)^-$。然而，迄今为止，这些助催化剂在工业上还没有获得重要的应用。注意：含氟烷基和氟芳基的铝化合物在加热时会发生剧烈分解[20,36]。

## 6.5 单中心催化剂的聚合机理

单中心催化剂与 Ziegler-Natta 催化剂的聚合机理之间存在实质性差异[37-42]。最值得注意的是，单中心催化剂的活性中心被认为是阳离子。目前，在所有使用单中心催化剂的商业过程中都使用助催化剂，但这在不久的将来可能会改变。

活性中心的生成是必不可少的第 1 步，在式（6.5）中用相对简单的二甲基二茂锆和 MAO 体系进行了说明。助催化剂的作用是通过夺取配体产生阳离子活性中心。已有研究表明，由配体夺取产生的平衡离子必须与阳离子活性中心有弱的配位作用。助催化剂，如 MAO、MMAO 或其中所含的游离 TMAL，也可以像在 Ziegler-Natta 催化体系中一样用作烷基化试剂和毒物清除剂（见第 4.2.3 和 4.2.4 节）。链增长如式（6.6）所示。

链引发：

$$Cp_2Zr(CH_3)_2 + MAO \longrightarrow Cp_2Zr^+(CH_3)\ \ CH_3MAO^-$$

$$\downarrow CH_2{=}CH_2 \qquad (6.5)$$

$$Cp_2Zr^+(CH_2CH_2CH_3) \longleftarrow Cp_2Zr^+(CH_3)(CH_2{=}CH_2)$$

链增长：

$$Cp_2Zr^+(CH_2CH_2CH_3) \xrightarrow{nCH_2{=}CH_2} Cp_2Zr^+R_p \qquad (6.6)$$

$R_p$= ⁅$CH_2CH_2$⁆$_n$ $CH_2CH_2CH_3$

链终止：

与 Ziegler-Natta 催化剂类似，链终止可以通过以下几种方式发生：

① 链转移至氢（氢解）；

② $\beta$-消除后 H 链转移到过渡金属；

③ $\beta$-消除后 H 链转移至单体。

这些机理先前在第 3 章的式（3.7）～式（3.9）中均有说明。

# 参考文献


[1] Hlatky G. Chem. Rev., 2000, 100: 1347.

[2] Swogger K // Society of Plastics Engineers. International Conference on Polyolefins, February 25-28, 2007, Houston, TX.

[3] Collman J P, Hegebus L S, Norton J R, et al. Principles and Applications of Organotransition Metal Chemistry. Sausalito, Canada: University Science Books, 1987: 165.

[4] Crabtree R H. The Organometallic Chemistry of the Transition Metals. 3rd ed. New York: Wiley-Interscience, 2001: 130.

[5] Collman J P, Hegebus L S, Norton J R, et al. Principles and Applications of Organotransition Metal Chemistry. Sausalito, Canada: University Science Books, 1987: 9.

[6] Sinn H, Kaminsky W. Adv. Organomet. Chem., 1980, 18: 99.

[7] Sinn H, Kaminsky W, Wolmer H J, et al. Angew. Chem. Int. Ed. Engl., 1980, 19: 390.

[8] Stevens J C. 11th Int'l Congress on Catalysts-40th Anniversary. Studies in Surface Science and Catalysis, 1996, 101: 11.

[9] Ittel S D, Johnson L K, Brookhart M. Chem. Rev., 2000, 200: 1169.

[10] Britovsek G J P, Gibson V C, Kimberly B S, et al. Chem. Commun., 1998: 848.

[11] Boffa L S, Novak B M. Chem. Rev., 2000, 100: 1479.

[12] Goodall B L, Allen N T, Conner D M, et al // Society of Plastics Engineers. International Conference on Polyolefins, February 25-28, 2007, Houston, TX.

[13] Ittel S D, Johnson L K, Brookhart M. Chem. Rev., 2000, 200: 1179.

[14] Vandenberg E J, Repka B C. High Polymers. John Wiley & Sons, 1977, 29: 370.

[15] Krentsel B A, Kissin Y V, Kleiner V J, et al. Polymers and Copolymers of Higher $\alpha$-Olefins. Cincinnati, OH: Hanser/Gardner Publications, Inc., 1997: 46.

[16] Eisch J J. Comprehensive Organometallic Chemistry II, 1995, 1: 451.

[17] Roberg J K, Burt E A. US5663394. 1997-09-02.

[18] Tritto I, Mealares C, Sacchi M C, et al. Macromol. Chem. Phys., 1997, 198: 3963.
[19] Reddy S S, Radhakrishnan K, Sivaram S. Polymer Bulletin, 1996, 36: 165.
[20] Chen E Y X, Marks T J. Chem. Rev., 2000, 200: 1395.
[21] Pasynkiewicz S. Polyhedron, 1990, 9: 429.
[22] Reddy S S, Sivaram S. Prog. Polym. Sci., 1995, 20: 309.
[23] Beard W R, Blevins D R, Inhoff D W, et al // The Institute of Materials. International Polyolefin Conference, November, 1997, London.
[24] Mason M R, Smith J M, Barron A R. J. Am. Chem. Soc., 1993, 115: 4971.
[25] Harlan C J, Bott S G, Barron A R. J. Am. Chem. Soc., 1995, 117: 6465.
[26] Malpass D B. Properties of Aluminoxanes from Akzo Nobel// Akzo Nobel Polymer Chemicals Product Pamphlet MA 03.324.01, 2003.
[27] Barron A R. Organometallics, 1995, 14: 3581.
[28] Collman J P, Hegebus L S, Norton J R, et al. Principles and Applications of Organotransition Metal Chemistry. Sausalito, Canada: University Science Books, 1987: 100.
[29] Ziegler K. Organometallic Chemistry. New York, 1960: 207.
[30] Smith G M, Rogers J S, Malpass D B. Proceedings of the 5th International Congress on Metallocene Polymers. Düsseldorf, Germany: Schotland Business Research, Inc., 1998.
[31] Smith G M, Rogers J S, Malpass D B. Proceedings of MetCon '98. Spring House, PA: The Catalyst Group, 1998.
[32] Smith G M, Palmaka S W, Rogers J S, et al. US5381109. 1998-11-03.
[33] Malpass D B. Methylaluminum Compounds. Polyolefins 2001-The International Conference on Polyolefins. Houston, TX: South Texas Section of SPE, 2001.
[34] Smith M B, March J. March's Advanced Organic Chemistry. 5th ed. New York: John Wiley & Sons, 2001: 339.
[35] Hlatky G G, Turner H W, Eckman R R. J. Am. Chem. Soc., 1989, 111: 2728.
[36] Malpass D B. Chemical & Engineering News, 1990: 2.
[37] Stevens M P. Polymer Chemistry. 3rd ed. New York: Oxford University Press, 1999: 246.
[38] Brintzinger H H, Fischer D, Mulhaupt R, et al. Angew. Chem. Int. Ed. Engl., 1995, 34: 1134.
[39] Gupta V K, Satish S, Bhardwaj I S. Rev. Macromol. Chem. Phys., 1994, C34(3): 438.
[40] Mohring P C, Coville N J. J. Organomet. Chem., 1994, 479: 1.
[41] Kulshreshtha A K, Talapatra S. Handbook of Polyolefins. New York: Marcel Dekker, 2000: 1.
[42] Imuta J I, Kashiwa N. Handbook of Polyolefins. New York: Marcel Dekker, 2000: 71.

# 第7章 工业聚乙烯工艺概述

## 7.1 概述

聚乙烯生产中采用的主要工艺技术有：

① 高压釜工艺；

② 环管工艺；

③ 淤浆（悬浮液）工艺；

④ 气相工艺；

⑤ 溶液工艺。

乙烯聚合使用的反应器范围从简单的高压釜和钢管到连续搅拌釜式反应器（CSTR）和垂直流化床。自20世纪90年代以来，乙烯聚合出现了一种趋势，即进行工艺组合并使用过渡金属催化剂。这些组合使制造商可以生产具有双峰或宽分子量分布的聚乙烯（参见第7.6节）。

PE的生产工艺条件差异很大。由于乙烯的聚合热非常高（据报道在22～26 kcal/mol之间），因此有效地散热对于聚乙烯工艺至关重要。工艺的选择还必须考虑催化剂的特性，如动力学特性。表7.1总结了聚乙烯工业生产工艺的主要特点。

LDPE仅能在高压或高压釜中使用自由基引发剂生产。通常使用有机过氧化物作引发剂，而其他容易发生均相裂解生成自由基的化合物也可以被用作引发剂。过渡金属催化剂（Ziegler-Natta催化剂、Phillips催化剂和单中心催化剂）用于淤浆、气相和溶液工艺中生产VLDPE、LLDPE、MDPE和HDPE。对全球各种形式聚乙烯的需求分析表明，大约27%的聚乙烯是通过高压工艺生产的。（有关市场和交易量的更多信息，请参见第8章。）

**表 7.1** 聚乙烯工业生产工艺的主要特点

| 公司 | 工艺名称 | 产品 | 工艺类型 | 催化剂 | 注释 |
|---|---|---|---|---|---|
| Basell | Spherilene | HDPE, MDPE, VLDPE | 气相 | Ziegler-Natta | 两个反应器串联使用 |
| Basell | Hostalen | HDPE | 淤浆 | Ziegler-Natta | 两个反应器可以串联，也可以并联；可生产双峰 HDPE |
| Basell | Lupotech G | HDPE, MDPE | 气相 | 负载型铬 | 烷基氧化铝为助催化剂，高活性，缩短诱导期 |
| Basell | Lupotech T | LDPE, EVA | 高压环管 | 有机过氧化物或空气 | 在 2000～3100 bar[②] 下操作 |
| Borealis | Borstar | HDPE, MDPE, LLDPE | 淤浆与气相串联 | Ziegler-Natta | 催化剂预聚合 |
| Chevron Phillips | | HDPE, MDPE, LLDPE | 淤浆 | 负载型铬，Ziegler-Natta，单中心 | 采用所谓的“颗粒循环淤浆工艺” |
| Dow | Dowlex | LLDPE | 溶液 | Ziegler-Natta | 1-辛烯可用作共聚单体 |
| Dow | Insite | LLDPE, VLDPE | 溶液 | CGC(单中心) | 1-辛烯可用作共聚单体 |
| DSM/ Stamicarbon | | LLDPE | 溶液 | Ziegler-Natta | 高压釜，采用所谓的“短流程工艺” |
| ExxonMobil | | LDPE, EVA | 高压釜和管式（独立过程） | 有机过氧化物 | 高压釜压力约为 1600 bar，管式压力约为 2800 bar |
| INEOS | Innovene | LLDPE | 气相 | Ziegler-Natta | 催化剂最初由 Naphtachimie 公司开发 |
| Mitsui | | HDPE, LLDPE | 淤浆 | Ziegler-Natta | |

续表

| 公司 | 工艺名称 | 产品 | 工艺类型 | 催化剂 | 注释 |
|---|---|---|---|---|---|
| Nova① | SCLAIRTECH | HDPE, LLDPE, VLDPE | 溶液 | Ziegler-Natta，单中心 | 双连续搅拌釜反应器，可并联或串联操作以生产宽范围的产品 |
| Polimeri Europa | | LLDPE, LDPE, EVA | 高压釜和管式（独立过程） | 有机过氧化物，Ziegler-Natta | 在 200～300 MPa 工艺下生产 LDPE 和 EVA（也可用于 EAA 和 EMA）；在 50～80 MPa 工艺下使用 Ziegler-Natta 催化剂生产 L LDPE |
| Univation Technologies | Unipol | HDPE, MDPE, LLDPE | 气相 | Ziegler-Natta，负载型铬，单中心 | 专有催化剂体系生产双峰 PE |

资料来源：MEYERS R A. Handbook of Petrochemicals Production Processes. McGraw-Hill, 2005.

① 该工艺最初由加拿大杜邦公司开发。

② 1 bar=$10^5$ Pa。

正如第 1 章所述，在生产包含 $\alpha$-烯烃的共聚物（LLDPE 和 VLDPE）中，乙烯始终是最主要的反应烯烃。共聚过程中一个重要的考虑因素是竞聚率。该比值可用于预估得到目标树脂所需的反应器进料比。但是，为了获得所需的密度或共聚单体含量，通常需要进行微调。竞聚率在前面（第 2 章）乙烯与极性共聚单体的自由基聚合中已经讨论过。在采用过渡金属催化剂的乙烯与 $\alpha$-烯烃共聚生产 LLDPE 的体系中，竞聚率也很重要。Krentsel 等人讨论并提供了乙烯和常用 $\alpha$-烯烃衍生物竞聚率的详细列表[1]。

现代炼油厂生产的乙烯纯度可高达 99.95%[2]，通常可以直接用于工业聚合过程。但是，在采用过渡金属催化剂的聚乙烯工艺中，通常需要对原料进行纯化。诸如 $H_2O$、$O_2$、CO、$CO_2$、乙炔和硫化物等杂质，即使在 mg/kg 水平，对过渡金属催化剂也具有很大毒性。如第 4 章所述，在 Ziegler-Natta 催化体系中，用作助催化剂的烷基铝通过将毒物转化为对过渡金属催化剂无害的烷基铝衍生物，从而对毒性具有缓解作用。然而，铬催化剂通常不使用烷基金属，这有时会导致引发聚合困难。铬催化剂通常具有诱导期，这是由于在引发机理中生成了与活性中心配位（和阻碍）的含氧化合物（参见第 5.5 节和第 5.1 节）。

# 7.2 高压工艺

在聚乙烯工业生产中，自由基聚合条件最苛刻，通常在大于 200℃的温度和 15000～45000 psig 的压力下进行。自由基聚合是在厚壁高压釜或环管中绝热进行的。在这样的高温下，聚合物溶解在过量单体中，乙烯聚合就在这样的溶液中进行。聚合不需要稀释剂（溶剂）。当反应混合物冷却时，聚乙烯颗粒会从过量的单体中沉淀出来。

除反应器外，高压釜和环管工艺非常相似[3,4]。在这两种情况下，外围设备的设计可以将前段反应器的压力和温度升高到很高的水平，将后段反应器的温度和压力降低到接近环境条件，从而实现产品分离。高压釜和环管工艺的工艺流程简图分别如图 7.1 和图 7.2 所示。

埃克森美孚公司从 20 世纪 60 年代末开始采用两种高压工艺生产 LDPE。Schuster 和 Kaus 描述了埃克森美孚公司用于生产 LDPE 的高压工艺的工作原理和特点[3]。

如第 2 章（第 2.2 和 2.3 节）所述，安全是高压过程中的关键因素。处理有机过氧化物存在潜在的危险，另一个严重的问题是反应器内乙烯分解的可能性。高压过程的设计必须能够快速释放压力，以防止灾难性的爆炸。Polimeri Europa 公司的 Mirra 描述了一个安全排放系统，如果乙烯发生分解，该系统就会冷却热气体[4]。

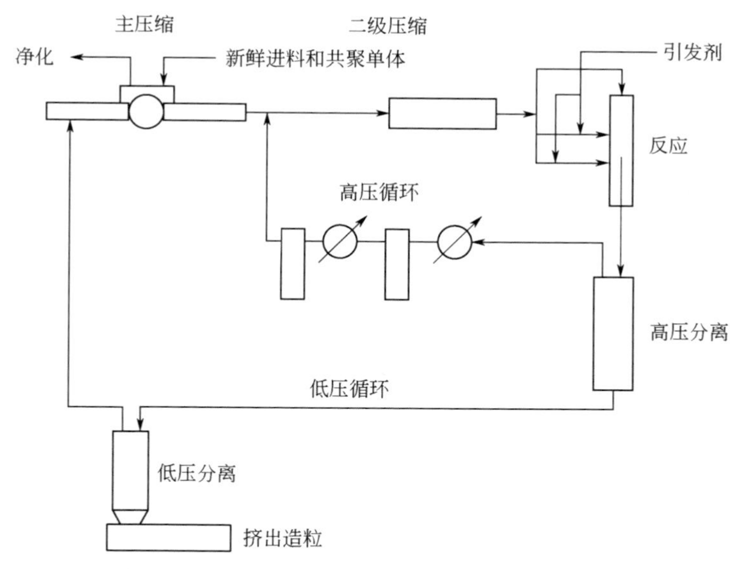


**图 7.1** 高压釜低密度聚乙烯生产工艺流程示意图

Kirk-Othmer Encyclopedia of Chemical Technology. 6th ed. John Wiley & Sons, Inc., 2006.

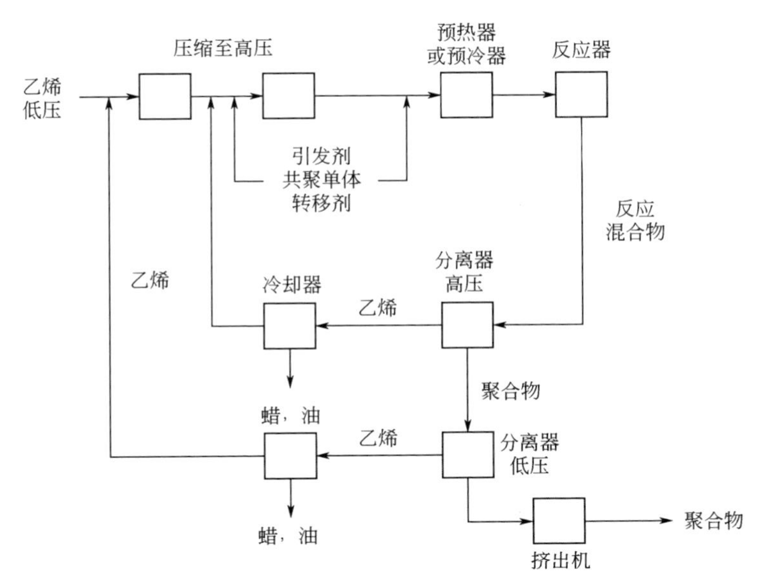


**图 7.2** 高压环管低密度聚乙烯生产工艺流程示意图
Kirk-Othmer Encyclopedia of Chemical Technology. 6th ed. John Wiley & Sons, Inc., 2006.

### 7.2.1 高压釜工艺

高压聚乙烯的原始工艺基于高压釜，并引入空气以产生足够的自由基引发乙烯聚合。表 7.2 总结了 LDPE 高压釜工艺的典型操作特点。

**表 7.2** LDPE 高压釜工艺的典型操作特点

| | |
|---|---|
| **操作温度** | 180～300℃ |
| **操作压力** | 15000～30000 psig |
| **特点** | ① 使用带有搅拌器的连续搅拌釜式反应器<br>② 通常使用多反应区<br>③ 聚合在“溶液”中进行<br>④ 通常采用有机过氧化物作为引发剂<br>⑤ 相对于环管工艺，聚合物的支链数量较少，但长度更长 |

空气已在很大程度上被有机过氧化物（见第 2.3 节）所取代。将有机过氧化物注入高压釜的多个位置，并通过第 2 章中讨论的化学反应引发自由基聚合。反应器停留时间很短（几秒甚至几分之一秒）。过量的乙烯用于辅助散热[4]。对于高压工艺而言，乙烯单体的纯化通常不是必需的。与使用过渡金属催化剂的工艺不同，高

压工艺可以耐受痕量水。

### 7.2.2 环管工艺

LDPE 的环管工艺可以被认为是活塞流反应器。与高压釜工艺一样，有机过氧化物引发剂沿环管长度在几个点注入。环管的长度通常为 1000～2000 m，内径为 25～50 mm（0.1～0.2 in）。与高压釜工艺生产的 LDPE 相比，环管工艺的产品通常具有更高的分子量和更多的短支链。表 7.3 总结了 LDPE 环管工艺的典型操作特点。

**表 7.3** LDPE 环管工艺的典型操作特点

| | |
|---|---|
| **操作温度** | 150～300 ℃ |
| **操作压力** | 30000～45000 psig |
| **特点** | ① 聚合在“溶液”中进行<br>② 管长 1000～2000 m，内径 25～50 mm（0.1～0.2 in）<br>③ 通常采用有机过氧化物作为引发剂<br>④ 比高压釜工艺的聚合物链长更长，但支链相对较短 |

## 7.3 淤浆（悬浮液）工艺

聚合反应在稀释剂中进行，其中聚乙烯在工艺温度下不溶，这种工艺称为淤浆（悬浮液）工艺。

稀释剂必须对催化剂体系呈惰性，通常是饱和烃，比如丙烷、异丁烷和己烷。淤浆工艺通常在 80～110℃温度和 200～500 psig 压力下进行，形成的聚乙烯沉淀物以悬浮的形式存在于稀释剂中。在淤浆工艺中最常用的催化剂是铬-硅或负载型 Ziegler-Natta 催化剂。

使用负载型铬（Phillips）催化剂的聚合反应主要在淤浆工艺中进行（不过有一小部分采用气相工艺，请参见下文）。Hogan[5,6]和 McDaniel[7-9]对 Phillips 工艺的历史发展进行了专业的分析。最初由 Phillips Petroleum 公司（现在的 Chevron Phillips 公司）开发的用于生产 HDPE 和 LLDPE 的淤浆工艺被称为“颗粒循环淤浆工艺”和“淤浆循环反应器工艺”[10]。此工艺中，1-己烯通常作为 LLDPE 的共聚单体。Phillips 淤浆循环反应器工艺的工艺流程简图如图 7.3 所示，主要操作特点总结于表 7.4 中。

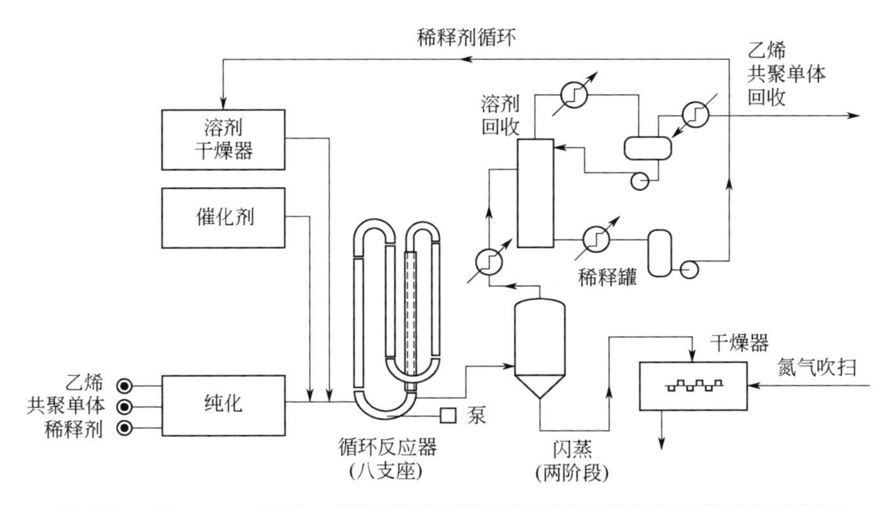


**图 7.3** Chevron Phillips 淤浆循环线性低密度聚乙烯生产工艺流程示意图

Kirk-Othmer Encyclopedia of Chemical Technology. 6th ed. John Wiley & Sons, Inc., 2006.

**表 7.4** LLDPE 和 HDPE 淤浆（悬浮液）工艺的典型操作特点

| | |
|---|---|
| **操作温度** | 80～110℃ |
| **操作压力** | 150～450 psig |
| **特点** | ① 生成的聚合物颗粒悬浮于烃类稀释剂中<br>② Phillips 淤浆循环工艺的催化剂停留时间约 1 h<br>③ 催化剂的形貌和粒径分布很重要<br>④ 可以使用多种共聚单体 |

另一种著名的淤浆（悬浮液）工艺是在 20 世纪 50 年代中期由德国 Hoechst 公司开发的。Hoechst 公司是第一个被许可使用 1955 年由 Karl Ziegler 开发的用于生产低压线性聚乙烯的催化剂和工艺的公司。Hoechst 公司最终被如今的 LyondellBasell 公司收购。

Hoechst 淤浆工艺经过多年的改进，发展成了现在的 Hostalen 工艺。Hostalen 是一种淤浆串联工艺，能够生产各种分子量分布的 HDPE。现代的 Hostalen 工艺采用 2 个连续搅拌釜式反应器，可以串联或并联运行，生产单峰和双峰 HDPE[11]。

# 7.4 气相工艺

气相乙烯聚合通常采用流化床在 200～500 psig 的压力和 80～110℃的温度下

进行。聚乙烯的气相工艺最初是由 Union Carbide 公司（现在的陶氏化学公司）开发的，之后是 Naphtachimie 公司（现在的 INEOS 公司），这些工艺分别称为 Unipol 和 Innovene 工艺。每个工艺中使用的主催化剂均为负载型 Ziegler-Natta 催化剂，但是催化剂化学性质不同。Unipol 工艺现已通过由陶氏化学公司与埃克森美孚合资的 Univation Technologies 公司获得授权，从历史上看，Unipol 工艺在线性聚乙烯气相工艺的授权上占主导地位，但是，近年来 Innovene 工艺吸引了大量的授权商。

大多数气相工艺生产的聚乙烯都采用 Ziegler-Natta 催化剂。但是，也有一些使用负载型铬和单中心催化剂的例子。Unipol 气相工艺的流程简图如图 7.4 所示。气相工艺的典型操作特点总结于表 7.5 中。

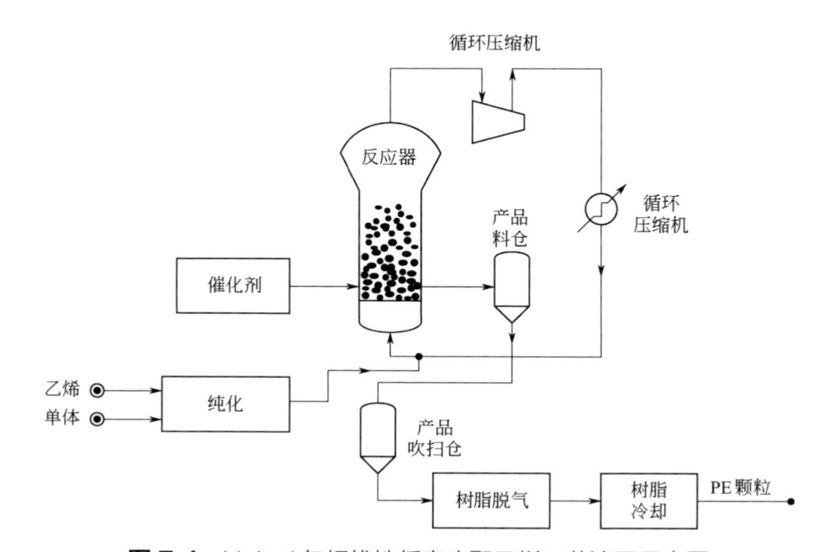


**图 7.4** Unipol 气相线性低密度聚乙烯工艺流程示意图

Kirk-Othmer Encyclopedia of Chemical Technology. 6th ed. John Wiley & Sons, Inc., 2006.

**表 7.5** HDPE 和 LLDPE 气相工艺典型操作特点

| | |
|---|---|
| **操作温度** | 80~110℃ |
| **操作压力** | 约 300 psig |
| **特点** | ① 在流化床中形成增长的聚合物颗粒<br>② 催化剂停留时间 2~4 h<br>③ 催化剂的形貌和粒径分布很重要<br>④ 以前（20 世纪 90 年代以前）可使用的共聚单体范围受限；由于“冷凝模式”操作的出现，现在可以使用多种共聚单体 |

20 世纪 90 年代，开发了一种改进的气相工艺，称为 Unipol 反应器“冷凝模式”

操作[12]。这一技术使 1-辛烯等高级 $\alpha$-烯烃共聚单体得以使用，大大提高了气相反应器的容量和产品性能。

## 7.5 溶液工艺

1960 年，杜邦-加拿大公司（现为 Nova）使用基于钛和钒化合物的 Ziegler-Natta 催化剂，将溶液工艺商业化。DSM（Stamicarbon）和陶氏化学公司也开发了非常成功的聚乙烯溶液工艺。

这些工艺主要使用 Ziegler-Natta 催化剂。溶液工艺在 160～220℃和 500～5000 psig❶下操作。在这样的条件下，聚合物溶解在溶剂中，溶剂通常是环己烷或 $C_8$ 脂肪烃。聚合在温度远高于聚乙烯熔融范围的溶液中均匀发生。Nova 溶液工艺的工艺流程简图如图 7.5 所示。溶液工艺的典型操作特点总结于表 7.6 中。

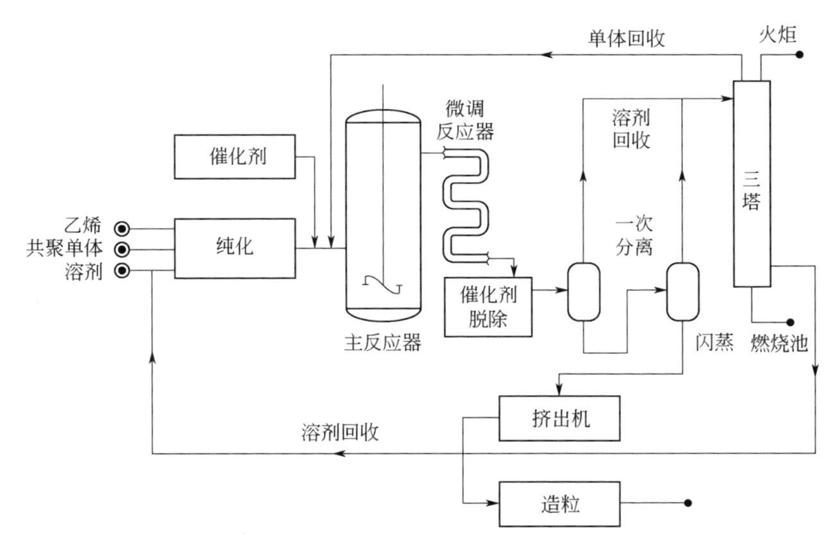


**图 7.5** 杜邦-加拿大（现为 Nova）溶液聚乙烯生产工艺流程示意图
Kirk-Othmer Encyclopedia of Chemical Technology. 6th ed. John Wiley & Sons, Inc., 2006.

**表 7.6** LLDPE 和 HDPE 溶液工艺典型操作特点

| | |
|---|---|
| **操作温度** | 160～220℃ |
| **操作压力** | 500～5000 psig |

❶ psig 磅/平方英寸（1psig=6894.76Pa，1MPa=145psig）。

续表

| 特点 | ① 聚合在“溶液”中进行<br>② 催化剂停留时间短（min）<br>③ 催化剂和助催化剂必须具有良好的高温稳定性<br>④ 催化剂的形貌和粒径分布没有其他工艺重要<br>⑤ 可以使用多种共聚单体 |
|---|---|

杜邦-加拿大/Nova 溶液工艺的现代版中使用了双连续搅拌釜式反应器，称为“高级 SCLAIRTECH”工艺。Ziegler-Natta 催化剂和单中心催化剂均可用于该技术。该工艺能够生产从 VLDPE 到 HDPE 的分子量分布和密度范围宽广的聚乙烯。Wiseman 描述了聚乙烯 SCLAIRTECH 工艺[13]。

## 7.6 组合工艺

如第 7.1 节所述，近年来，聚乙烯生产的组合工艺技术得到了发展。一个典型的例子是 Borealis 始于 1995 年开发的 Borstar 工艺。Borstar 工艺能够生产从 LLDPE 到 HDPE 的全范围聚乙烯[14]。Borstar 工艺采用了一个小环管预聚合反应器（有关预聚合优点的讨论，参见第 3.6 节）。Ziegler-Natta 催化剂和三乙基铝助催化剂是常用的，该工艺也能够使用单中心催化剂[15]。

Borstar 工艺还可以采用大型环管淤浆聚合反应器和气相聚合反应器串联，能够生产双峰聚乙烯。环管淤浆聚合反应器生产低分子量的组分，气相聚合反应器生产较高分子量的产品。

## 参考文献


[1] Krentsel B A, Kissin Y V, Kleiner V J, et al. Polymers and Copolymers of Higher α-Olefins. Cincinnati, OH: Hanser/Gardner Publications, Inc., 1997: 245; KISSIN Y V. Alkene Polymerizations with Transition Metal Catalysts. The Netherlands: Elsevier, 2008: 190.

[2] Weissermel K, Arpe H J. Industrial Organic Chemistry. 4th ed. Weinheim: Wiley-VCH, 2003: 66.

[3] Schuster C E. Handbook of Petrochemicals Production Processes. New York: McGraw- Hill,

2005: 14.45; KAUS M J // 2005 Petrochemical Seminar, November 4, 2005, Mexico City (moved from Cancun).

[4] Mirra M. Handbook of Petrochemicals Production Processes. New York: McGraw-Hill, 2005: 14.59; FINETTE A A, TEN BERGE G. Handbook of Petrochemicals Production Processes. New York: McGraw-Hill, 2005: 14.109.

[5] Hogan J P. J. Polymer Science: Part A-l, 1970, 8: 2637.

[6] Hogan J P. Applied Industrial Catalysis, 1983, 1: 149.

[7] Mcdaniel M P. Handbook of Heterogeneous Catalysis. 2nd ed. Weinheim, Germany: Wiley-VCH Verlag, 2007: chapter 15.1.

[8] Mcdaniel M P. Handbook of Heterogeneous Catalysis. Weinheim: VCH Verlagsgesellschaft, 1997, 5: 2400.

[9] Benham E, Mcdaniel M. Kirk-Othmer Concise Encyclopedia of Chemical Technology. 5th ed. Hoboken: John Wiley & Sons, Inc., 2007: 590.

[10] Smith M. Handbook of Petrochemicals Production Processes. New York: McGraw-Hill, 2005: 14.31.

[11] Kuehl R, Ten Berg G. Handbook of Petrochemicals Production Processes. New York: McGraw-Hill, 2005: 14.71.

[12] Dechellis M, Griffin J G. US5352749. 1993-04-26; STAKEM F G // Society of Plastics Engineers. International Conference on Polyolefins, February 22-25, 2009, Houston, TX.

[13] Wiseman K. Handbook of Petrochemicals Production Processes. New York: McGraw-Hill, 2005: 14.131.

[14] Korvenoja T, Andtsjo H, Nyfors K, et al. Handbook of Petrochemicals Production Processes. New York: McGraw-Hill, 2005: 14.15.

[15] Korvenoja T, Andtsjo H, Nyfors K, et al. Handbook of Petrochemicals Production Processes. New York: McGraw-Hill, 2005: 14.23.

# 第8章
# 聚乙烯下游

## 8.1 概述

在本章，将对聚乙烯催化剂化学和制造工艺以外的主题进行概述。生产出聚乙烯之后，它才刚刚开始进入复杂的应用领域。通常，聚乙烯原料中加入助剂，造粒，再运输到加工商（加工商通常还要添加其他助剂）。加工商将聚合物熔化，运用各种加工技术制备成大量有用的物品。在这些过程中，PE 暴露在可能损害其优异的耐化学性和耐久性的条件下。当加热到 190℃或更高的温度，受到可能引起化学键断裂的剪切力时，聚合物在加工过程中特别易受损。这些变化可影响聚合物性能，例如分子量和分子量分布，并使聚合物不能满足其预期用途。

消费者使用的聚乙烯是多样的，如超市的牛奶盒、保鲜袋或数以千计的日常生活用品。

在这些物品使用后，如何处理聚乙烯是必须解决的问题。聚乙烯是一种耐久性很好的材料，不易生物降解。这在某些地区已成为一个有争议的问题。一些地方颁布了禁止使用某些聚乙烯物品的法律。一个研究案例是在旧金山禁止使用塑料杂货袋。旧金山颁布禁令的理由是：塑料袋“难以回收并且容易吹到树上和排水沟里……塑料袋还占据了急需的垃圾填埋空间”[1]。禁令要求人们选择使用可生物降解的塑料袋，或者带上自己可重复使用的帆布袋。在 2010 年左右，相对于聚乙烯塑料袋，可生物降解塑料袋的成本要高得多（2～5 倍）。这些禁令能否解决问题还有待观察，可生物降解的袋子也会成为社区中碍眼的东西，直到它们被生物降解，而在环境条件下生物降解是一个漫长的过程（见第 8.5 节）。常常能听到地方和国家政府颁布法律，要求制造商为可持续发展承担“从摇篮到坟墓”的责任。

生物大分子材料常被夸作是聚乙烯或其他包装塑料的绿色替代材料。然而，不是所有的生物大分子材料都可被生物降解[2]。而且，如将在第 8.5 节介绍的，生物大分子的降解有时是被夸大的[3]。本章将量化塑料对美国城市固体废物的贡献，调查一些生物塑料生物降解的现实情况。

这些问题过于宽泛和复杂，无法在此进行全面讨论。然而，在此将尝试提供下游重要方面的一些看法，讨论以下基本问题：

① 为什么需要助剂？

② 聚乙烯常用的助剂是什么？它们是如何起作用的？

③ 为什么流变学对聚乙烯的加工如此重要？

④ 将聚乙烯加工成消费品的最重要的制造技术是什么？

⑤ 聚乙烯的主要生产商是哪些公司？

⑥ 各类聚乙烯的全球产量是多少？

⑦ 聚乙烯使用寿命结束后会发生什么？

⑧ 聚乙烯的可生物降解替代品是什么？

⑨ 聚乙烯的未来是什么？

关于本章讨论主题的更多信息，请参考各节。

## 8.2　助剂

助剂对聚乙烯的性能至关重要。实际上，如果没有助剂赋予全配方树脂的特性，现代聚合物通常是不存在的。引入助剂的作用是：

① 使聚合物稳定；

② 使聚合物更易于加工；

③ 提高聚合物最终使用性能。

许多类型的助剂用于聚乙烯中。部分助剂如下：抗氧剂、抗静电剂、光（UV）稳定剂、润滑剂、抗菌剂、滑爽剂、除酸剂、阻燃剂、聚合物加工助剂、交联剂、抗粘连剂、着色剂。

在介绍性文章中，详细讨论聚乙烯所用各种助剂不太适合。然而，有大量关于助剂的详情资料[4-11]供读者查阅。Zweifel 编辑的手册[4,5]和 Fink 的一篇论文[6]都给出了详细介绍。King 对用于薄膜（聚乙烯的一个主要用途）的助剂进行了更简洁的概述[7]。已发表的几篇商业杂志论文[8-11]具体讨论了这一主题。

配方中助剂的最佳用量随聚合物的类型、具体的助剂以及期望达到的效果而变化。例如，对于某些应用，抗粘连剂的用量可高达百分之几（“粘连”可以定义为聚乙烯膜粘在一起的趋势）。然而，在大多数情况下，实现其作用所需的助剂的量在 0.05%～1%之间。

聚乙烯容易受到空气中氧气的间接攻击。聚合物链上产生自由基的机理还不太明确[4]。聚合物链上的自由基与氧气反应生成过氧自由基，这在聚乙烯的整个生命周期中都会发生，对于高支化聚乙烯，如 LDPE、VLDPE 和 LLDPE，尤其如此，因为它们含有大量的叔碳原子（比伯碳、仲碳原子更易受到影响）。过氧自由基进一步反应，可导致聚合物降解并失去机械强度。因此，阻止或破坏自由基的抗氧剂对聚乙烯下游应用尤其重要。

聚合物链中自由基的形成原因可能是用作催化聚合的过渡金属和热氧化加工的过氧化物的残留物。无论什么原因导致化学键断裂产生自由基［式（8.1）和式（8.2）］，氧均与所得自由基反应生成过氧键。自由基引发和增长的主要反应见式（8.1）～式（8.4），其中 $R_p$ 是聚合物片段：

$$R_p—R_p \longrightarrow 2R_p^{\cdot} \tag{8.1}$$

$$R_p—H \longrightarrow R_p^{\cdot} + H^{\cdot} \tag{8.2}$$

$$R_p^{\cdot} + O_2 \longrightarrow R_pOO^{\cdot} \tag{8.3}$$

$$R_pOO^{\cdot} + R_p—H \longrightarrow R_pOOH + R_p^{\cdot} \tag{8.4}$$

最重要的抗氧剂是受阻酚类抗氧剂，占全球塑料行业抗氧剂总市场的 50%以上，如图 8.1 所示。作为全球聚乙烯、聚丙烯塑料工业的抗氧剂，亚磷酸酯是第二重要的抗氧剂。聚乙烯和聚丙烯消耗了全球 2/3 的抗氧剂，如图 8.2 所示。

抗氧剂分为主抗或辅抗，取决于它们的反应方式。受阻酚是主抗氧剂，通过提供氢，将过氧自由基转化为氢过氧化物而起作用。亚磷酸酯属于辅抗氧剂，起到氢过氧化物分解的作用。这些反应的最终结果是将聚合物结合的自由基转化为对聚合物破坏性较小的衍生物。

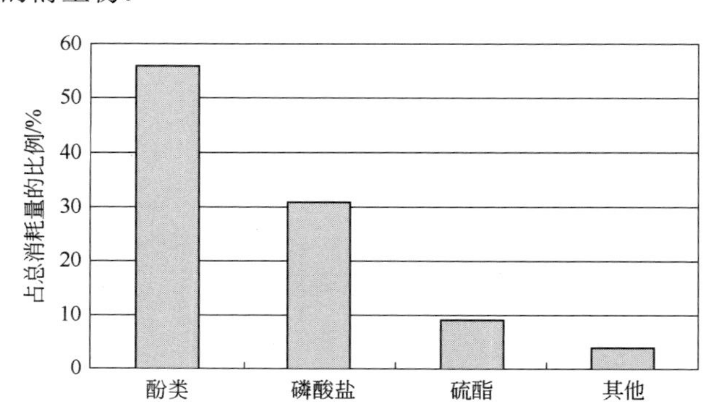


**图 8.1** 全球塑料抗氧剂的消耗量

总消耗量（1997 年）：2.07 亿吨; Zweifel H. Plastics Additives Handbook. 5th ed. Cincinnati: Hanser Gardner Publications, Inc., 2001.

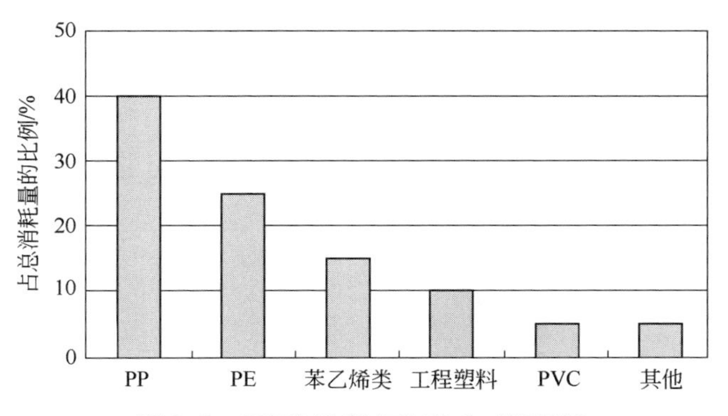


**图 8.2** 不同树脂抗氧剂的全球消耗量

Zweifel H. Plastics Additives Handbook. 5th ed. Cincinnati: Hanser Gardner Publications, Inc., 2001: 3.

常用作抗氧剂的受阻酚是 2,6-二叔丁基-4-甲基苯酚（也称为丁基羟基甲苯或 BHT）。BHT 和其他受阻酚抗氧剂的结构如图 8.3 所示。这些复杂结构具有冗长的 IUPAC 名称，所以更常用的是制造商指定的商品名，例如来自 Ciba 公司（现为 BASF 公司）的 Irganox 1135。

BHT

Irganox 1135

Topanol CA

Irganox 2246

Ethanox 330

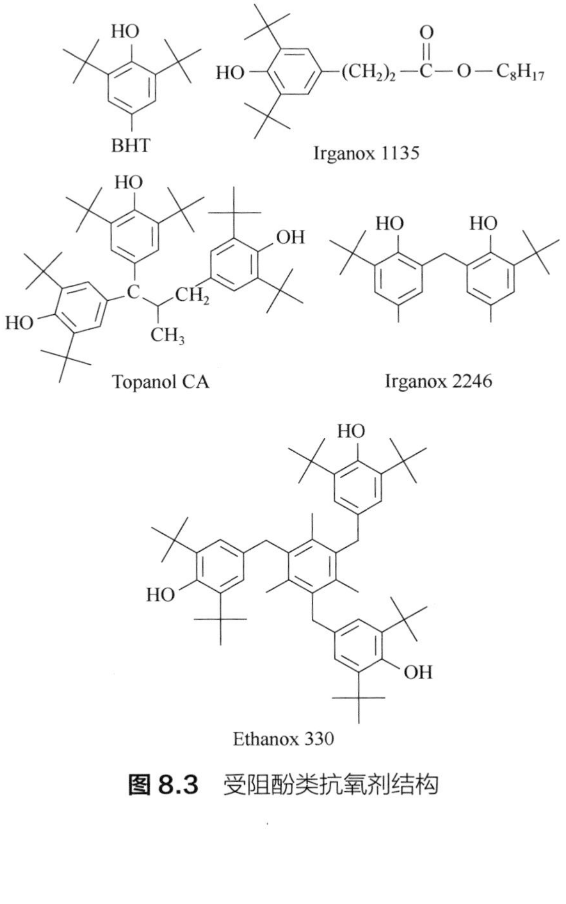

**图 8.3** 受阻酚类抗氧剂结构

受阻酚和亚磷酸酯进行的简化反应如式（8.5）和式（8.6）所示，其中 PhOH 代表受阻酚，PhO 代表苯氧基：

$$\mathrm{PhOH + ROO\cdot \longrightarrow PhO\cdot + ROOH} \tag{8.5}$$

$$\mathrm{(PhO)_3P + ROOH \longrightarrow (PhO)_3P{=}O + ROH} \tag{8.6}$$

例如，如果式（8.5）中用的是 BHT，则 PhO·自由基的结构如下：

O·
$(CH_3)_3C$　$C(CH_3)_3$
$CH_3$

该结构具有许多共振形式，形成高度稳定的自由基。在式（8.6）中，亚磷酸酯被氧化成磷酸盐，氢过氧化物被还原成醇。亚磷酸酯通常与受阻酚组合使用。（有关抗氧剂的详细信息，请参阅参考文献[4]～[6]。）

## 8.3　熔融加工

流变学是物质变形和流动的科学。为了使聚乙烯成型为有用的制品，聚乙烯必须熔融，通常加热至 190℃。即使在这样的温度下，熔融聚合物也非常黏稠。因此，熔融聚乙烯的流变性能对其最终用途至关重要，已有大量这方面的研究。聚合物流变学的严格数学表达非常复杂，超出了本书的范围。但是，可以开展聚合物流变学[12]，特别是聚烯烃[13-15]的一般讨论。

如果一种流体（例如水）的流动与施加的力成正比关系，则称其为牛顿流体。然而，熔融聚乙烯的流动与施加的力不成正比，则称熔融聚乙烯为非牛顿流体。聚乙烯在较高应力（剪切）下变得不那么黏稠，这被称为剪切稀化，是熔融聚乙烯的典型特征。

如前面第 1 章所讨论的，熔融指数（MI）是测量熔融聚乙烯流动的标准方法，反映了聚合物的分子量。然而，MI 也是流变性能的一个有限指标。

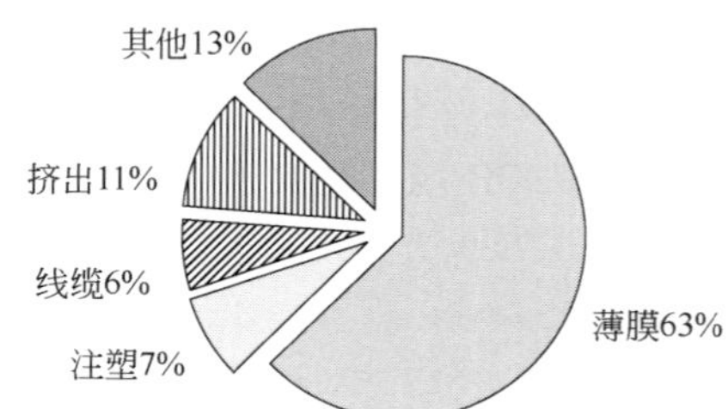


**图 8.4**　低密度聚乙烯加工方法
Singh B B. Chemical Marketing Resources. Webster, TX, 2007.

用于加工熔融聚乙烯的方法很多，一些重要的成型方法有：

挤出（用于生产管材、薄膜等）、注塑、滚塑、吹塑、模压成型（常用于 UHMWPE）。

对于每种成型方法，最适合的聚乙烯种类不同。例如，对于吹塑应用，优选具有宽或双峰分子量分布的 HDPE。图 8.4～图 8.6

给出了主要类型的聚乙烯是如何加工的。

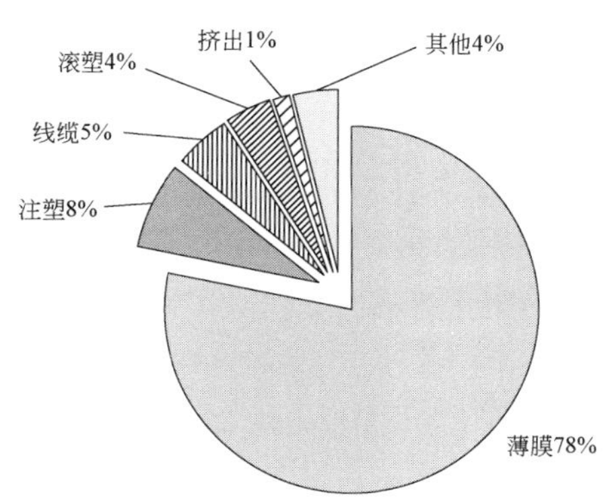


**图 8.5** 线性低密度聚乙烯加工方法
Singh B B. Chemical Marketing Resources. Webster, TX, 2007.

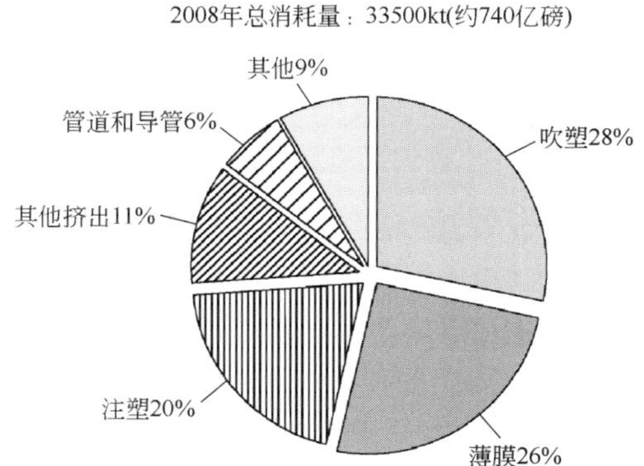


**图 8.6** 高密度聚乙烯加工方法
Singh B B. Chemical Marketing Resources. Webster, TX, 2007.

## 8.4 市场

2008 年，全球聚乙烯消耗量约为 7700 万吨（约 1690 亿磅），其中 HDPE 约占总数的 44%[16]。主要类型聚乙烯消耗量如图 8.7 所示。2008 年后几年内聚乙烯的总体增长率约为每年 5%。但是，LDPE 将增长更慢（约 2%）。LLDPE 和 HDPE 增长约 6%❶。市场与许多因素相关，包括主要石油生产地区的政治动荡和不稳定的经济。

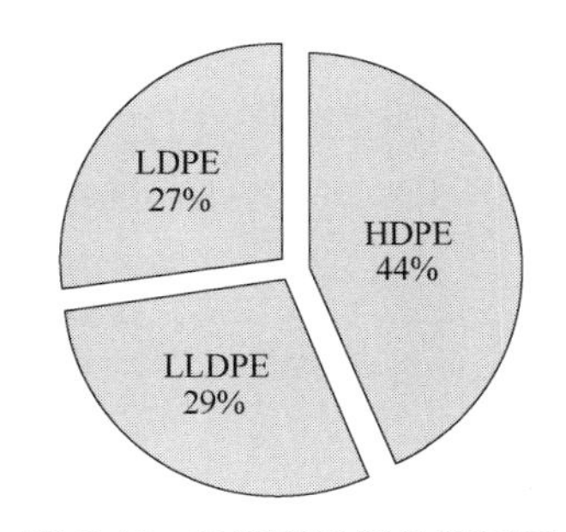


**图 8.7** 各类聚乙烯总消耗量（2008）
2008 年总消耗量约 1690 亿磅；
Lee C, Singh B B. Chemical Marketing Resources. Webster, TX, 2009.

如图 8.4 和图 8.5 所示，薄膜应用是 LDPE 和 LLDPE 最重要的用途，特别是食品包装[16]。近一半 HDPE 制品是吹塑和注塑成型的（见图 8.6），HDPE 也大量用于薄膜[17]。

通常，LDPE 更易加工，并且赋予薄膜更好的光学性能（如透明度和雾度）。然而，尽管 LLDPE 和 HDPE 比较难加工，但用其生产的薄膜呈现出更好的力学性能（抗刺扎性、撕裂强度等）。因此，有时将 LDPE 和 LLDPE、

❶ 译者注：2019 年，全球聚乙烯消耗量超过 12000 万吨。

HDPE 共混使用[18]。共混后的聚乙烯变得易于加工，同时保留了良好的力学性能。

如第 1 章所述，LLDPE 是用 $\alpha$-烯烃作为共聚单体生产的。用 1-己烯、1-辛烯作为共聚单体，生产的 LLDPE 具有更好的抗刺扎性、冲击强度和撕裂强度，但相对于用 1-丁烯共聚单体制备的 LLDPE 更贵。

总之，由最常见形式的低密度聚乙烯制成的薄膜的机械强度比较如下：

LDPE < LLDPE (1-丁烯) < LLDPE (1-己烯) < LLDPE (1-辛烯)

可以预见，成本也从左到右依次增加。在选择聚乙烯类型时，客户必须平衡特定应用的机械强度要求与材料成本。当 LDPE（或用 1-丁烯制成的 LLDPE）可以满足特定用途所需的机械强度时，不需要使用由更贵的共聚单体 1-己烯或 1-辛烯制成的 LLDPE。由于 1-丁烯制成的 LLDPE 具有良好的机械强度和低成本，因此 1-丁烯共聚物 LLDPE 量最大。不同共聚单体 LLDPE 的比例如图 8.8 所示。LDPE、LLDPE（1-丁烯）和 LLDPE（1-辛烯）制备的薄膜性能如表 8.1 所示。

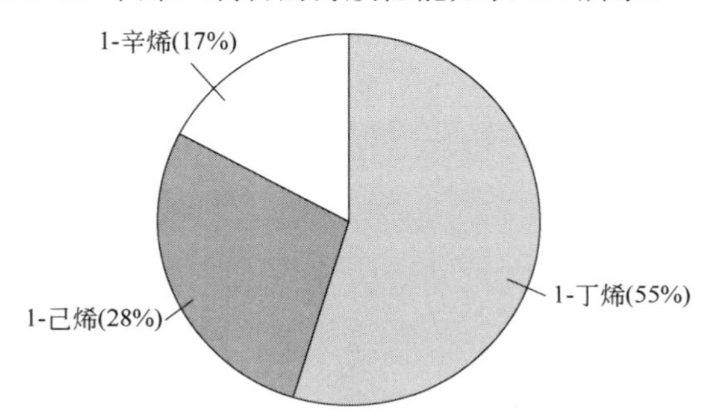


**图 8.8** 2008 年不同共聚单体 LLDPE 的量

Lee C. Chemical Marketing Resources. Webster TX, 2009.

**表 8.1** LDPE 与 LLDPE 薄膜性能对比

| 性能 | | LDPE | LLDPE | LLDPE |
|---|---|---|---|---|
| 共聚单体 | | 无 | 1-丁烯 | 1-辛烯 |
| 密度/（g/cm$^3$） | | 0.920 | 0.920 | 0.920 |
| 熔融指数/（g/10 min） | | 1.0 | 0.75 | 0.75 |
| 埃尔门多夫法撕裂强度/（g/mil①） | 横向 | 170 | 650 | 400 |
| | 纵向 | 120 | 550 | 700 |
| 冲击强度/（g/mil） | | 115 | 80 | 200 |
| 抗刺扎性 | | 3.0 | 6.0 | 8.0 |

资料来源：杜邦-加拿大公司（现为 Nova）在 1984 年出版的 *Modern Plastics* 一书（127 页）中报道的 100 万薄膜的结果。

① 1 mil = 0.0254 mm。

LDPE 占所有类型聚乙烯总量从 1990 年的约 35%下降到 2008 年的约 27%。这是由 LLDPE（以及少量 HDPE）取代 LDPE 引起的，主要在薄膜应用中。

2006 年，全球最大的聚乙烯生产商是陶氏化学公司，其次是埃克森美孚公司。根据三种主要类型聚乙烯的总量，表 8.2 给出了 2006 年十大聚乙烯生产商。近年来，由于收购、兼并和市场变化趋势，此类列表是动态变化的。例如，根据表 8.2 中的数据，LyondellBasell（2007 年由 Basell 和 Equistar 合并创建，以前是 Lyondell 的一部分）取代 SABIC 成为全球第三大聚乙烯生产商。在 2010 年左右，据报道，印度公司 Reliance Industries 发出了初步收购 LyondellBasell 的控股邀约[19]。显然，顶级聚乙烯生产商的排名将继续波动。中东地区公司及中石化（中国制造商）的产能将继续增长。

**表 8.2** 2006 年全球前十聚乙烯生产商生产三种主要类型聚乙烯的量

单位：kt

| 生产商 | HDPE | LDPE | LLDPE | 总量 |
|---|---|---|---|---|
| Dow | 1582 | 1687 | 4558 | 7827 |
| ExxonMobil | 2332 | 1596 | 2812 | 6740 |
| SABIC | 1068 | 751 | 2015 | 3834 |
| Sinopec | 769 | 982 | 1351 | 3102 |
| INEOS | 2203 | 300 | 520 | 3023 |
| Chevron Phillips | 2440 | 279 | 191 | 2910 |
| Equistar(Lyondell)① | 1386 | 665 | 513 | 2564 |
| Basell② | 1367 | 1045 | 0 | 2412 |
| Borealis | 697 | 730 | 764 | 2191 |
| Total Petrochemical | 1420 | 650 | 63 | 2133 |

资料来源：Bauman R J, Nexant ChemSystems//International Conference on Polyolefins, Society of Plastics Engineers. February 25-28, 2007, Houston, TX.

① Lyondell 与 Basell 在 2007 年合并。

② 现称为 LyondellBasell。

估算聚乙烯总量的另一个复杂因素是一些工厂的“切换”能力，即根据市场条件，一些反应器可以从生产 LLDPE 转换为 HDPE（反之亦然）的能力。

# 8.5 环境

在 2010 年左右，经济状况不利于聚乙烯废物的再循环和/或再利用。收集、分离和再加工聚乙烯的基础设施非常有限。因此，这时大多数聚乙烯废物进入垃圾填埋场。公众普遍误解塑料是垃圾填埋场的主要垃圾。然而，根据 2007 年美国国家环境保护局（EPA）的数据，事实情况是，塑料仅占城市垃圾总量的 12%左右（见图 8.9），而纸制品约占 33%。据报道，1970 年填埋场塑料垃圾量约为 11%[20]，与 2007 年的差别不大。部分原因是几十年来，用力学强度更好的塑料制成薄壁制品，塑料用量更少，单件成品更轻了[21]。

2007 年固废中 12%的塑料，不仅包含各类聚乙烯，还包括其他类型的热塑性塑料，如 PET、PP、PVC、PS 等。虽然从 2007 年 EPA 统计数据中不易得到真实数据，但预计聚乙烯对固体废物的贡献低于 8%。

为了帮助回收利用，塑料工业协会发布了数字代码来表示制品所用的塑料。每件塑料制品都应该有一个三角形的印记，内含表示所用塑料的数字代码。LDPE（和 LLDPE）用数字 4 表示，HDPE 用数字 2 表示。聚乙烯和其他塑料的代码如图 8.10 所示。

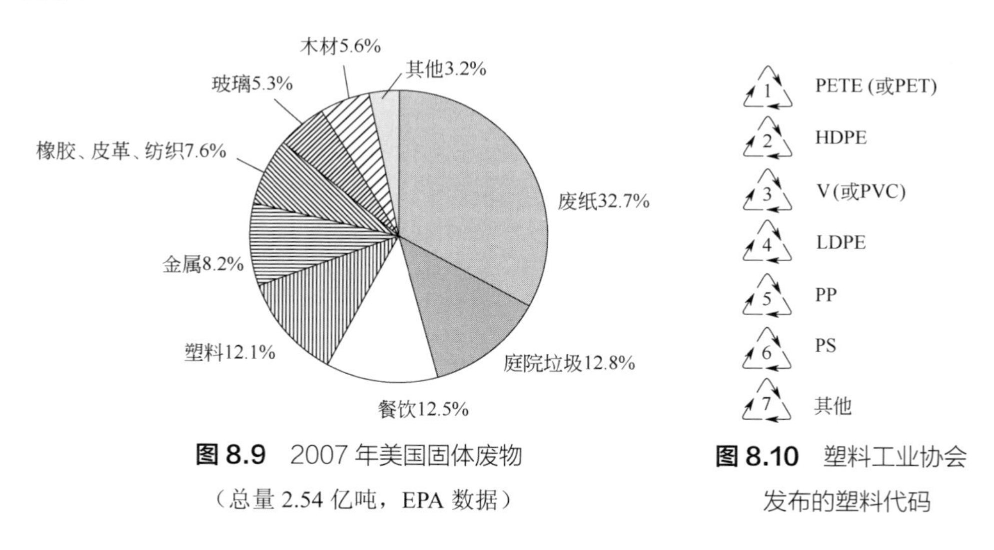


**图 8.9** 2007 年美国固体废物（总量 2.54 亿吨，EPA 数据）

**图 8.10** 塑料工业协会发布的塑料代码

在超市收银台，收银员有时会询问顾客选用纸袋还是塑料袋。那些认为纸袋可生物降解的人应该考虑以下因素：虽然公众认为纸张是可生物降解的，但实际情况是垃圾填埋场中的纸张不易生物降解。研究表明，埋在垃圾填埋场超过 15 年的报纸仍然可读[20]。此外，对于那些关注全球变暖的人来说，纸制品始于被砍伐的树木。从环境中移除树木会在大气中产生更多的 $CO_2$，因此选择纸张的人的“碳足迹”会增加。[通过对双方论点的广泛阅读，依作者拙见，全球变暖（或全球变冷）的主要原因是太阳自然周期的结果（参见 Booker 的讨论[21]）。作者认为，人类将无法通过调节碳排放来显著改变这种趋势。]

一个著名的环保组织是绿色和平组织，以其对待重要环境问题的对抗风格而闻名。绿色和平组织的立场是反对某些类型的化学品，包括含氯的化学品，如聚氯乙烯。绿色和平组织从环境角度对塑料进行排序，从最不希望到最理想的塑料，发布了一个“塑料金字塔”（图 8.11）。由于 PVC 含氯，绿色和平组织将其列为最令人反感的塑料。聚乙烯属于不那么令人讨厌的塑料（靠近金字塔的底部）。当然，绿色和平组织最优选的是由可再生资源衍生的生物聚合物。

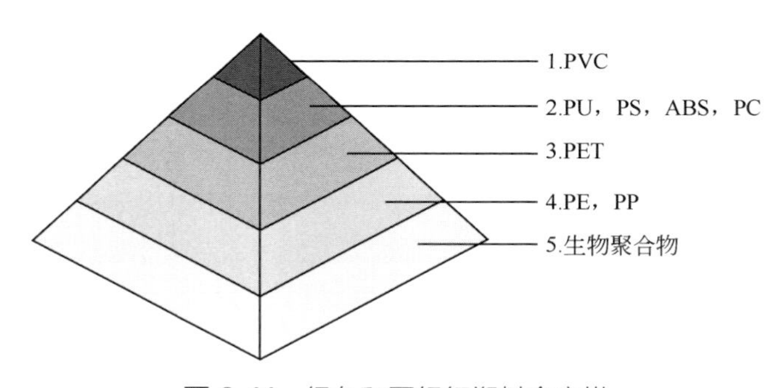


**图 8.11** 绿色和平组织塑料金字塔

Singh 最近讨论了生物聚合物和可持续增长[2]。生物聚合物定义为由可再生资源制成的聚合物。然而，并非所有生物聚合物都可生物降解[2]。例如，陶氏化学公司和一家名为 Crystalsev 的巴西公司于 2007 年宣布成立一家合资企业，用甘蔗衍生乙醇生产的乙烯制备 LLDPE[22,23]。虽然这种 LLDPE 可以被认为是一种生物聚合物，但它不会比来自石油基乙烯的 LLDPE 更具生物降解性。

聚乳酸（PLA）是最成熟的生物聚合物之一。在美国，PLA 由 NatureWorks 在内布拉斯加州的一家工厂生产，使用从玉米中提取的乳酸（乳酸也可以从其他天然生物如小麦或马铃薯中获得）。聚乳酸通过丙交酯的开环聚合制得，如图 8.12 所示。

PLA 可以制成薄膜用于包装，也可以制成纤维用于地毯[24]。PLA 确实是可生物降解的，但只能在受控的堆肥条件下进行。聚乳酸的生物降解需要在 140℉（约 78℃）左右的温度下经过多天才能确保分解，最终成为 $CO_2$ 和水。不幸的是，垃圾填埋场[3]或大多数后院堆肥达不到这一条件。因此，即使是由 PLA 制成的塑料袋也不会很快从自然环境中消失。PLA 的厌氧分解释放甲烷，甲烷是一种比 $CO_2$ 更高效的温室气体[25-28]。

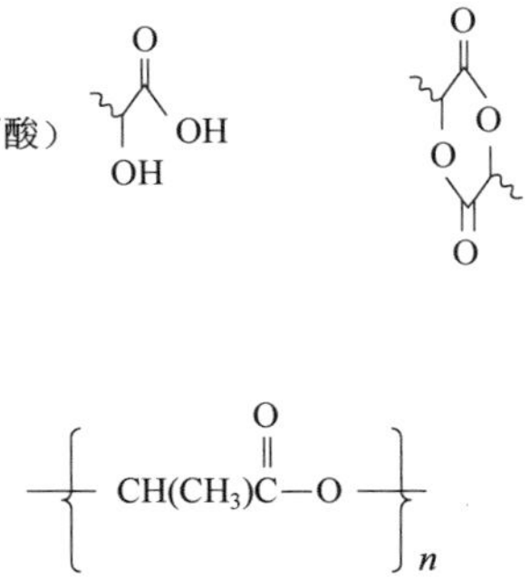

乳酸（也称为2-羟基丙酸）　　丙交酯

$$-\!\!\left[\ CH(CH_3)\overset{O}{\overset{\|}{C}}-O\ \right]\!\!-_n$$

聚乳酸

**图 8.12**　丙交酯开环聚合制聚乳酸

Singh 的一份报告表明[2]，与聚烯烃相比，全球聚乳酸和其他生物聚合物的产量很小。2007 年仅生产约 225000 t 生物聚合物，约占全球聚烯烃产量的 0.25%。Singh 报道说，目前 PLA 的成本远远高于聚烯烃，PLA 要与聚乙烯真正竞争，乳酸的成本需要与乙烯的价格相当 [2]。

生物塑料要成为聚乙烯和其他聚烯烃的实用、经济的替代品，还有很长的路要走。在全球可持续发展的要求下，作者认为聚乙烯将变得更加重要。运用经验证的、有效的工艺，可以很容易地用廉价的原材料制得聚乙烯，这些工艺在制造过程中产生非常少的废弃物。聚乙烯在应用和加工方面具有多样性，并且可循环使用。尽管建设回收和再利用基础设施面临着挑战，21世纪聚乙烯的发展仍然一片光明。在实现经济增长的同时保护自然世界，这是我们共同努力的方向。

# 参考文献


[1] Goodyear C. San Francisco Chronicle, 2007-03-28.

[2] Singh B B // Society of Plastics Engineers. International Conference on Polyolefins, February 22-25, 2009, Houston, TX.

[3] Royte E. Smithsonian Magazine, 2006; for entire article go to www.Smithsonian.com and search for "poly (lactic acid)."

[4] Zweifel H. Plastics Additives Handbook. 5th ed. Munich: Hanser Publishers, 2001.

[5] Zweifel H, Maier R, Schiller M. Plastics Additives Handbook. 6th ed. Munich: Hanser

Publishers, 2009.
[6] Fink J. A Concise Introduction to Additives for Thermoplastic Polymers. Salem, MA: Wiley-Scrivener Publishing, 2010.
[7] King R E Ⅲ. Overview of Additives for Film Products // BUTLER T. TAPPI Polymer Laminations and Coatings Extrusion Manual. TAPPI Press, 2000.
[8] Patel P, Puckerin B. A Review of Additives for Plastics: Colorants // Society of Plastics Engineers. Plastics Engineering, 2006.
[9] Patel P, Savargaonkar N. A Review of Additives for Plastics: Slips and Antiblocks // Society of Plastics Engineers. Plastics Engineering, 2007.
[10] Patel P. A Review of Additives for Plastics: Functional Film Additives // Society of Plastics Engineers. Plastics Engineering, 2007.
[11] Stewart R. Flame Retardants // Society of Plastics Engineers. Plastics Engineering, 2009.
[12] Stevens M. Polymer Chemistry. 3rd ed. New York: Oxford University Press, 1999: 63.
[13] Peacock A. Handbook of Polyethylene. New York: Marcel Dekker, 2000: 220.
[14] White J, Choi D. Polyolefins. Munich: Hanser Publishers, 2005: 126.
[15] Vasile C, Pascu M. Practical Guide to Polyethylene. Rapra Technology Ltd, 2005: 97.
[16] Lee C. Webster, TX: Chemical Marketing Resources, Inc., 2009.
[17] Singh B. Webster, TX:Chemical Marketing Resources, Inc., 2007.
[18] Kaus M J. 2005 Petrochemical Seminar, November 4, 2005, Mexico City (moved from Cancun).
[19] Tullo A. Chemical & Engineering News, 2009: 10.
[20] Raftgey W. Saturday Night with Connie Chung. AGS & R Communications, 1991.
[21] Booker C. The Real Global Warming Disaster. Continuum, 2009: 179.
[22] Anon. Chemical & Engineering News, 2007: 17.
[23] Tullo A H. Chemical &Engineering News, 2008: 21.
[24] Mccoy M. Chemical & Engineering News, 2009: 7.
[25] Mitra B S, GUPTA R. Global Warming and Other Eco-Myths. Competitive Enterprise Institute, 2002: 145.
[26] Huber P. Hard Green. New York: Basic Books (Perseus Books Group), 1999: 63.
[27] Michaels P J, Balling R C Jr. Climate of Extremes. Washington, DC: Cato Institute, 2009: 14.
[28] Olah G A, Goeppert A, Surya Prakash G K. Beyond Oil and Gas: The Methanol Economy. Weinheim: Wiley-VCH, 2006: 41.

# 拓展阅读

1. FINK J K. A Concise Introduction to Additives for Thermoplastic Polymers. 2010.

ISBN 9780470609552.

本书通俗易懂，重点介绍热塑性聚合物的添加剂，从塑化剂和填料到增白剂和抗菌剂，详细地介绍了 21 世纪最重要和普遍使用的添加剂。同时本书中也包含了添加剂的安全性、危害以及使用时间预测方面的章节。

2. CHEREMISINOFF N P, DAVLETSHIN A. A Guide to Safe Material and Chemical Handling. 2010.

ISBN 9780470625828.

本书汇编了工艺设备选材的实用工程和性能参数，以及化学物质的性质，包括工业溶剂和化学品的毒性。

3. FINK J K. Handbook of Engineering and Specialty Thermoplastics: Polyolefins and Styrenics. Wiley, 2010.

ISBN 9781118029282.

4. FINK J K. Handbook of Engineering and Specialty Thermoplastics: Water Soluable Polymers. Wiley, 2011.

ISBN 9781118087718.

5. THOMAS S. Handbook of Engineering and Specialty Thermoplastics: Nylons. Wiley, 2011.

ISBN 9781118229132.

6. THOMAS S. Handbook of Engineering and Specialty Thermoplastics: Polyethers and Polyesters.（未出版）

7. MITTAL V. Miniemulsion Polymerization Technology. Wiley, 2010.

ISBN 9780470923160.

本书是关于微乳液聚合技术背景信息和高深学问方面较全面的参考著作。